真实感三维场景建模与绘制

陈纯毅　杨华民　蒋振刚　著

科学出版社

北京

内 容 简 介

当前，动画与影视特效制作、计算机三维游戏、虚拟现实、增强现实等行业都广泛使用计算机来根据虚拟三维场景模型生成逼真的图像画面。真实感三维场景建模的关键是，利用数学模型来描述三维场景中的几何物体及其与光照之间的交互过程。真实感三维场景绘制的关键是，计算从光源发出的沿不同路径传播到达视点的光照值。本书首先讨论真实感三维场景建模、光照传输、绘制方程、面光源可见性计算等问题，然后重点论述基于光线跟踪的真实感三维场景绘制、基于路径跟踪的真实感三维场景绘制、基于虚拟点光源的真实感三维场景绘制等全局光照效果绘制方法。

本书可作为从事三维图形绘制、游戏设计、虚拟现实与增强现实等研究的科研工作者、大学教师等的参考用书，也可以作为相关专业的大学本科和硕士研究生课程的教学参考书。

图书在版编目(CIP)数据

真实感三维场景建模与绘制/陈纯毅，杨华民，蒋振刚著. —北京：科学出版社，2017.2

ISBN 978-7-03-051762-3

Ⅰ.①真… Ⅱ.①陈… ②杨… ③蒋… Ⅲ.①计算机辅助设计－应用软件 Ⅳ.①TP391.72

中国版本图书馆 CIP 数据核字（2017）第 027047 号

责任编辑：张 震 姜 红 / 责任校对：李 影
责任印制：张 倩 / 封面设计：无极书装

科学出版社 出版
北京东黄城根北街 16 号
邮政编码：100717
http://www.sciencep.com

北京凌奇印刷有限责任公司 印刷
科学出版社发行 各地新华书店经销
*

2017 年 2 月第 一 版 开本：720×1000 1/16
2017 年 2 月第一次印刷 印张：12 插页：1
字数：245 000

POD定价： 79.00元
（如有印装质量问题，我社负责调换）

前　　言

真实感三维场景建模与绘制是计算机图形学的一个重要研究方向，已经广泛应用在动画与影视特效制作、计算机三维游戏、虚拟现实、增强现实等领域之中。在强烈的实际应用需求推动下，当前学术界和产业界对真实感三维场景建模与绘制技术的研究非常活跃，例如，在 SIGGRAPH 国际学术会议上就经常有像皮克斯动画工作室和华特·迪士尼动画工作室这样的国际知名企业发布技术研究与应用报告。学术界在真实感三维场景建模与绘制方面已经开展了大量研究工作，取得了丰硕的研究成果。在此基础上，不少公司也发布了许多优秀的三维场景绘制软件，并在相关行业中推广使用。随着计算机硬件性能的不断提升，目前，人们已经能够根据真实感三维场景模型绘制出非常逼真的画面。尽管如此，人们对真实感三维场景建模与绘制技术的求真和求快热情并未消退。相反，由于近年来相关行业对真实感三维场景绘制技术的依赖性越来越高，人们投入了更多精力来探索和设计新的绘制算法，以便用更短的时间绘制出更逼真的画面。

作者从 2007 年开始从事特种电影、增强现实影视摄制、交互式三维场景绘制等方面的研究工作，曾为云南普洱茶博物馆和长影世纪城电影主题公园建成大型正交多幕全景立体特种影院并制作出特种电影样片。在开展项目技术攻关的过程中，作者逐渐对真实感三维场景建模与绘制技术有了深入的认识和理解，也陆续开展了相关学术研究工作，这是撰写本书的基础。

本书主要讨论真实感三维场景的建模与绘制问题。全书内容总共分成 7 章论述，除第 1 章绪论外，其余 6 章涉及真实感三维场景建模、光照传输与绘制方程、面光源可见性计算与柔和阴影绘制、基于光线跟踪的真实感三维场景绘制、基于路径跟踪的真实感三维场景绘制、基于虚拟点光源的真实感三维场景绘制等内容。

第 2 章涉及的真实感三维场景建模部分，首先讨论三维几何对象的描述和建模方法；然后进一步介绍物体材质特性建模理论，为三维物体指定材质模型是真实感三维场景建模中的关键工作；最后详细讨论三维场景中的光源建模问题，分别给出理想点光源、方向性光源和面光源的描述方法，并论述不同类型的光源对三维场景画面的影响。

第 3 章涉及的光照传输与绘制方程部分，首先讨论光与物体之间的交互形式，给出光反射、光折射、光照遮挡等的数学描述模型；然后论述三维场景绘制方程的导出过程，并详细讨论绘制方程的近似求解方法；最后对三维场景中的光照传播路径分类方法进行介绍，并分析不同三维场景光照效果所对应的光照传播路径类型。

第 4 章涉及的面光源可见性计算与柔和阴影绘制部分，首先介绍硬边阴影与柔和阴影形成原因；然后详细讨论面光源可见性函数积分的近似求解问题；接着分别讨论基于蒙特卡罗光源采样的柔和阴影绘制方法、基于环境遮挡掩码的柔和阴影绘制方法以及近似柔和阴影绘制方法，并在论述的过程中分析相关方法的优缺点。

第 5 章涉及的基于光线跟踪的真实感三维场景绘制部分，首先介绍光线跟踪的基本概念与光线跟踪抗失真原理；然后重点讨论光线跟踪的并行化设计方法，其中包括基于单个众核处理器的并行化设计和基于计算机集群的并行化设计，也讨论光线跟踪阴影测试与柔和阴影绘制加速方法；最后简要地介绍英伟达（NVIDIA）公司发布的 OptiX 光线跟踪引擎及其使用方法。

第 6 章涉及的基于路径跟踪的真实感三维场景绘制部分，首先介绍路径跟踪的基本思想，论述基本路径跟踪和双向路径跟踪的原理；然后给出基本路径跟踪的算法实现流程；接着重点讨论光线传播路径采样中的重要性采样理论，并给出多重重要性采样的实现方法；最后介绍光子映射算法原理。

第 7 章涉及的基于虚拟点光源的真实感三维场景绘制部分，首先介绍虚拟点光源的概念及其与间接光照计算的关系；然后分别讨论基于反射阴影图的间接光照计算和基于帧间虚拟点光源重用的动态场景间接光照计算问题；最后简要介绍基于重要性缓存策略的虚拟点光源光照贡献求解方法和基于矩阵行列采样的虚拟点光源光照贡献求解方法。

作者在依托特种电影技术及装备国家地方联合工程研究中心承担一系列科研项目的过程中逐步积累出本书内容的核心素材。作者曾先后得到国家科技支撑计划（项目编号：2009BAE69B01、2009BAE69B02）、吉林省科技发展计划（项目编号：20076010、2012ZDGG004、20140204009GX、20150312029ZX）、长春市科技攻关计划（项目编号：14KG008）等的经费支持，在此表示由衷的感谢。作者指导的研究生在参与相关项目研究的过程中也有一定贡献。本书的部分内容来源于第一作者在吉林大学做博士后研究期间取得的成果，因此也特别感谢吉林大学对第一作者在做博士后研究期间给予的支持。

本书是作者对近年来的研究工作进行系统整理的初步尝试。由于作者学识水平有限，本书可能存在各种不足之处，希望广大同行批评、指正。

作　者
2016 年 9 月

目　　录

彩版

第1章 绪 论

真实感三维场景建模与绘制技术广泛应用在动画影视制作、虚拟现实、电脑游戏等领域中，近几十年来在实际应用需求的驱动下不断向前发展，已经成为计算机图形学中的一个非常重要的研究方向。美国的皮克斯动画工作室和华特·迪士尼动画工作室多年来一直利用真实感三维绘制技术来制作动画影片[1,2]，在商业上取得了巨大的成功。为了根据三维场景模型绘制出具有照片级真实度的图像画面，首先要求建立符合真实物理特性的三维场景模型，其次要求在绘制三维场景时能收集到不同类型的光线传播路径携带的光能量。真实感三维场景建模的一个关键任务是，为三维几何对象指定合适的材质模型，以便正确地描述光照与物体之间的交互过程。在计算机图形学中，材质用于建模光照与几何对象之间的交互，常见的材质模型包括经验材质模型和基于物理的材质模型两类。不同材质的几何对象与光照发生不同类型的交互，引起具有不同特征的光散射，使光照在三维场景中沿不同类型的路径传播。各种光线传播路径携带的光能量在最终绘制的图像画面中产生不同的视觉效果。照片级真实感画面绘制的计算开销通常非常大，多年来该领域研究的主要目标是，如何在保证画面绘制真实度的条件下，设计新的算法来减小绘制计算开销、提高绘制效率。在实际应用中受硬件计算能力的限制，往往需要在画面真实度和绘制效率之间进行折中。然而，学术界和产业界对更高画面质量和更快绘制速度的永恒追求，为真实感三维场景建模与绘制技术研究提供了不竭的动力源泉。

1.1 三维场景建模

从总体上说，三维场景模型由几何数据、材质数据、纹理数据等组成。几何数据用于描述三维场景中的几何对象，例如，办公室场景中包含的桌椅、电脑、文件柜等几何物体。顶点是最基本的可用来描述几何对象的数据，而每个顶点又可以用笛卡儿坐标系中的 x、y、z 三个分量来描述。因此，在计算机中用三个浮点数就可以表示一个三维顶点。通过为一系列顶点指定拓扑结构，可以构造出组成几何对象的基本多边形面片，由面片可以进一步构造出几何对象，如图 1-1 所示。在建模时可为每个顶点指定法向量，面片内部某个位置的法向量可根据所在面片的各顶点的法向量插值计算得到。几何对象与光照之间的交互通过材质模型来描述。在建模时，也可以为顶点指定纹理坐标，以便在需要的时候根据纹理坐标读取纹理数据。

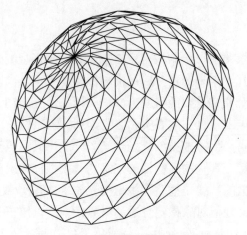

图 1-1 由三角形面片组成的半球面

在实际中，有多种创建三维场景模型的方法。一方面，可以利用三维扫描技术来对真实世界中的物体进行扫描，然后再根据扫描得到的点云数据重构多边形网格模型。例如，斯坦福三维扫描库（Stanford 3D Scanning Repository）中的三维模型就是通过三维扫描技术构建的。另一方面，也可以使用三维建模软件来创建三维场景模型。例如，使用 3DS Max、Maya、Blender、DAZ Studio 等软件就可以很方便地创建三维场景模型。当然，要想创建出复杂而精美的三维场景模型，要求三维场景构建人熟练地掌握各种三维建模技巧。

目前，常见的三维模型文件格式有 3DS、OBJ、POV、PLY 等。3DS 格式的三维模型可以使用 3DS Max 软件来创建，该软件由 AUTODESK 公司研发，可以提供图形化的界面来辅助用户完成三维建模工作。3DS 格式文件的基本组成单位是块，一个块由块索引、块数据、下一个块的位置等内容组成[3]。OBJ 格式由 Alias|Wavefront 公司定义，也是一种常见的三维模型格式，可以被大多数三维建模软件导入和导出。OBJ 三维模型可以被保存在 ASCII 码格式的文本文件中，其使用关键字来说明数据的含义，例如，用 "v" 表示几何顶点，用 "vt" 表示顶点的纹理坐标，用 "vn" 表示顶点的法向量，用 "f" 表示多边形面片。POV 格式是 POV-Ray 光线跟踪绘制软件使用的三维场景模型描述格式。POV-Ray 是一个开源的光线跟踪绘制软件[4]，可以绘制出非常精美的三维场景画面。以下是一个完整的 POV 模型文件包含的代码，其对应的三维场景画面如图 1-2 所示。

```
global_settings { assumed_gamma 2.2 }
background {color red 0.3 green 0.3 blue 0.5}
camera {
    location  <0, 0, -8>
    direction <0, 0, 1.2071>
    look_at   <0, 0, 0>
}
sphere { <0.0, 0.0, 0.0>, 1.5
    finish {
        ambient 0.2
        diffuse 0.6
        phong 1
    }
    pigment { color red 1 green 0 blue 0 }
}
box { <-1.0, -0.2, -2.0>, <1.0, 0.2, 2.0>
    finish {
        ambient 0.2
        diffuse 0.9
        phong 1
    }
    pigment { color red 0.8 green 0.8 blue 1 }
    rotate <-20, 30, 0>
}
light_source { <-10, 3, -20> color red 1 green 1 blue 1 }
```

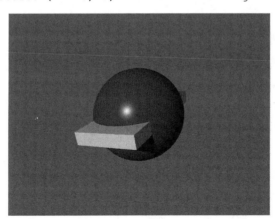

图 1-2 包含一个球和一个立方体的三维场景

　　POV 格式的三维模型描述文件类似于用脚本编写的代码。关键字
"background" 用来定义背景色,颜色通过红(red)、绿(green)、蓝(blue)三个
分量来描述。关键字 "camera" 用来指定相机参数,包括相机位置(location)、

相机方向（direction）和相机正前方观察点（look_at）等属性。关键字"sphere"用来定义球，包括球心位置、球半径、材质等属性。关键字"box"用来定义立方体，包括立方体的体对角线上的两个顶点位置及材质、旋转参数等属性，关键字"light_source"用来定义光源，包括位置、发光颜色等属性。

PLY 格式由斯坦福大学设计，是斯坦福三维扫描库中的模型存储格式，该格式可以用来定义三维网格数据。在许多图形学研究论文中使用的牛、兔子、龙等三维模型都是斯坦福三维扫描库中的模型。与 OBJ 格式类似，PLY 格式模型也允许用 ASCII 码格式的文本文件来存储。相对于其他三维模型描述格式，PLY 格式的结构非常简单，它只用来对单个三维几何对象的网格数据进行描述，不能描述多个几何对象之间的组合关系。尽管如此，PLY 格式还是在各种图形应用中被广泛使用，很多三维图形库都提供加载 PLY 格式的三维模型的辅助函数。

1.2　光照与人眼对物体的视觉感知

人眼能观察到真实世界中的各种物体的根本原因是，这些物体散射（或者从这些物体主动发射）的光进入了人眼。人眼通过对光照的感知来识别各种物体的色彩、质感和几何特征，进而辨别出各种物体之间的视觉差异。人眼对光照的感知结果直接表现为在现实世界中看到的五颜六色及其对应的亮度。在日常生活场景中，大多数物体都不主动向外发光，只是对入射到物体表面的光产生散射作用。在本书中，术语"散射"既可以指"反射"也可以指"折射"，其用于表述光与物体之间的交互作用，如图 1-3 所示。人们在生活中观察到的许多现象都和光散射有关。例如，在晚上人眼能看见月亮，是因为被月球散射的太阳光进入了人眼，此时的散射就是反射；人眼透过眼镜的镜片能看见在公路上行驶的汽车，是因为入射到汽车上的光被汽车散射后再被镜片散射进了人眼，其中，汽车对光的散射属于反射，镜片对光的散射则属于折射。焦散是一种常见的因光被光滑物体散射而形成的视觉效果，如图 1-4 所示，三维场景包含一条游动的鱼，其材质被设置为玻璃材质，光源位于鱼的上方，在地面上形成了鱼的影子和焦散斑。

光是一种电磁波，大多数情况下人眼可以感知 380~780 nm 波段的电磁波[5]。换句话说，在真实世界中，人眼可以观察到的物体必须向外发射或者散射 380~780 nm 波长的电磁波。真实感三维场景绘制的核心思想是，模拟光照在三维场景中的传播，并计算最终进入视点的光照值。根据前面的叙述可知，在三维场景绘制中只需考虑 380~780 nm 波段的光传播。人眼大约能区分 1000 万种不同的颜色，在视网膜上有三类不同的视锥细胞能对各种波长的光产生不同的感应，然而实际

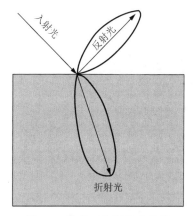

图 1-3　物体对入射光的散射　　图 1-4　光被玻璃材质的鱼折射形成的焦散斑（见书后彩版）

上人脑只能收到三类不同的颜色感知信号[5]。因此，在计算科学领域中，经常用三个数字来描述颜色，例如，图像处理中常用的 RGB 颜色空间就使用红（R）、绿（G）、蓝（B）三原色的不同组成来表示其他颜色。在真实感三维场景建模与绘制中，通常也用红、绿、蓝三个颜色分量的不同组成来表示各种颜色。从某种意义上说，颜色并不是物体的固有属性，颜色只是光与物体进行交互后的散射光属性，即物体的颜色取决于入射光的频谱分布及其与物体的交互过程。例如，在日光灯的照射下白墙看起来呈现白色，但是如果换成用发红光的灯照射白墙，则白墙看起来会呈现红色。所以，在绘制三维场景时，从三维场景点散射进入视点的光的颜色由入射光颜色和场景点的材质特性共同决定，这就是物体材质模型对三维场景画面有重要影响的原因。根据日常生活经验可知，太阳发出的白光照射到红色盒子上，人眼可以感知到盒子呈现红色，据此可以推断白光中的其他非红色分量在红色盒子表面上的反射率很低（即非红色光在散射过程中发生严重的衰减），经反射进入人眼的光基本上都是红光。因此，从严格意义上讲，在物体材质建模时，也应该分别为红、绿、蓝三种不同的光分量设置交互模型。当然，在实际三维场景建模时，有时为了简便，也把红、绿、蓝三种光分量与物体的散射交互模型设置为同一个模型，即用相同的双向散射分布函数来描述。

　　值得注意的是，入射到三维几何对象上的光可能源自其他几何对象的散射光，这些散射光的颜色实际上包含了相应几何对象的材质信息。例如，在发白光的日光灯照射下的办公室中，一个穿红衣服的人站在白色墙边，白色的墙可能会被映成红色，白墙上的红色就体现了红衣服的材质特性。这种一个物体表面映上了其他物体颜色的现象被称为颜色渗透。图 1-5 为一个可以观察到颜色渗透现象的三维场景，其中一个聚光灯光源位于屋顶，聚光灯向下照射，聚光灯发出的白光经鸽子反射后再入射到屋顶上（鸽子和屋顶都为漫反射材质），在屋顶上就会映上鸽子的颜色。颜色渗透一般发生在从漫反射物体到漫反射物体的光照传输交互过程中，需要使用特殊设计的算法才能绘制出这一视觉效果。

图 1-5　三维场景中的颜色渗透现象（见书后彩版）

1.3　三维场景绘制

三维场景绘制就是根据三维场景模型计算出从视点能够看到的所有场景点的颜色值的过程。在计算机图形学文献中，除了"绘制"这个术语外，还经常见到用术语"渲染"来表达相关的概念。实际上，这两个术语在真实感三维图形技术领域中的内涵既有密切联系也有细微差别。中文术语"绘制"对应于英文术语"rendering"，中文术语"渲染"对应于英文术语"shading"[6]。"渲染"的含义相对于"绘制"更窄一些，主要指根据几何面片顶点的光照模型计算结果，通过插值计算几何面片内部其他点的光照值的过程，常见的渲染模型有"Gouraud Shading"和"Phong Shading"。如果把用计算机建立的三维场景看成是真实的三维世界，则可以把绘制操作看成是用相机拍摄三维世界得到一张照片的过程。因此，要讨论三维场景绘制，首先必须说明虚拟相机的概念。与用真实相机可以拍摄真实三维场景类似，虚拟相机可以用来拍摄虚拟三维场景的画面。图 1-6 给出了虚拟针孔相机的定义规范。虚拟针孔相机由相机位置、向前方向、向上方向、水平方向、近裁剪平面、远裁剪平面、水平视场角、竖直视场角等参数定义。虚拟针孔相机只能拍摄到位于近裁剪平面和远裁剪平面之间、水平视场角和竖直视场角范围之内的三维几何对象，这个可以被虚拟针孔相机拍摄到的三维空间范围通常被称为视域体。假设把视域体内的所有几何对象都投影到远裁剪平面上，且先投影离相机位置较远的几何对象，后投影离相机位置较近的几何对象，若多个几何对象投影到远裁剪平面上的相同位置，则后投影的结果将覆盖先前投影的结果，最后远裁剪平面上的投影结果就包含了虚拟针孔相机拍摄到的几何对象信息。用均匀网格对远裁剪平面进行离散采样，计算出每个采样点的颜色值（指投影结果），就完成了对三维场景的一次绘制。前述离散采样网格可以被看成是像素矩阵。因此，三维场景绘制就是计算像素颜色的过程。在三维场景绘制技术领域中，像素是一个经常遇到的概念。三维场景绘制中的像素与显示器上的像素并不是等同的概念。从概念上讲，显示器上的像素可以被简单地理解为一个包含红、绿、蓝三个灯泡的物理单元，通过控制三个灯泡的发光强度可以使像素显示出不同的颜色。三维场景绘制中的像素则是指与可视场景点外观描述相关的一个数据集合，其可能包括 RGB 颜色值、深度值、alpha 透明度等数据。

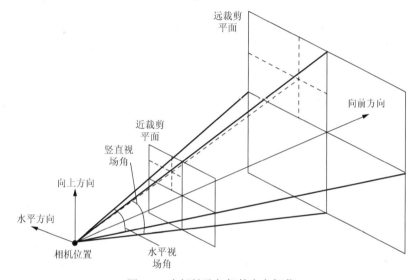

图 1-6　虚拟针孔相机的定义规范

　　当前，用于绘制三维场景的技术包括光栅化图形绘制管线、光线跟踪（ray tracing）、光能辐射度（radiosity）、路径跟踪（path tracing）等方法。这些方法适用于不同的应用场合。在需要实时交互的应用中，通常使用基于光栅化的图形绘制管线来快速绘制三维场景。在像动画电影场景绘制这样的离线应用中，为了生成高逼真度的三维场景画面，可以使用光线跟踪、路径跟踪等绘制方法。OpenGL 和 DirectX 是当今最流行的两种三维图形编程接口，它们对光栅化图形绘制管线进行了实现，能够充分利用现代图形处理器（graphics processing unit，GPU）的并行计算能力完成三维场景的快速绘制。基本的 OpenGL 绘制管线如图 1-7 所示[7]。在早期，OpenGL 和 DirectX 只支持固定功能的图形绘制管线，后来学术界和工业界一起努力又对固定功能图形绘制管线进行了扩展，通过引入着色器概念，提出了可编程图形绘制管线。可编程图形绘制管线的提出大大增强了图形绘制算法设计的灵活性，目前人们已经能利用可编程图形绘制管线绘制许多复杂的三维场景视觉效果。例如，Wyman 和 Davis[8]利用 OpenGL 和着色器实现了近似焦散效果绘制，Nguyen 等[9]利用 DirectX 和着色器实现了近似柔和阴影绘制。不少三维图形开发引擎库对基本的 OpenGL 接口做了进一步的封装，从而方便程序设计人员开发三维图形应用。例如，G3D 图形引擎[10]就是一个非常优秀的三维图形引擎库，它预定义了许多类来对 3D 数学库、Windows 窗口系统和图形处理器等进行抽象，向程序员提供 C++类型的应用程序接口，从而为三维图形应用开发提供重要的辅助支持。随着硬件计算能力的增强，光线跟踪、路径跟踪等三维场景绘制算法也越来越受到人们的重视，学术界逐渐推出了不少开源的光线跟踪绘制软件，例如，POV-Ray、PBRT 等[4,11]。不少研究者都直接在相关开源软件的基础上，实现自己设计的真实感三维图形绘制算法[12,13]。为了充分利用英伟达 GPU 的并行计算能力来加速光线跟踪计算，英伟达公司发布了 OptiX 光线跟踪引擎[14]。利用该引擎不但可以开发光线跟踪应用，甚至也可以开发其他非光线跟踪应用。在实现新的三维图形绘制算法时，利用已有的开发库可以加快实现算法的进度。因此，熟练地掌握一两个三维图形绘制开发库的使用方法对真实感三维图形绘制技术研究很有帮助。

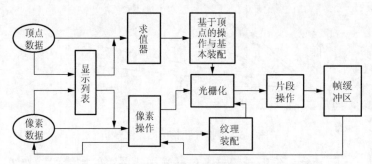

图 1-7　OpenGL 绘制管线

　　真实感三维场景绘制的关键是计算全局光照。从理论上讲，三维场景的全局光照是指光源发出的光经场景中不同物体多次散射后达到光能辐射平衡状态时的光亮度场。当然，在实际应用中，计算完整的全局光照解是非常困难的，很多情况下只计算局部光照或者全局光照的部分近似结果。在理想的情况下，真实感三维场景绘制算法应当具备以下两种能力。第一，要求能够正确地绘制三维场景中的柔和阴影。真实世界中的绝大多数阴影都是柔和阴影，柔和阴影的基本特征是拥有平滑变化的边缘。三维场景阴影计算与光源可见性计算密切相关。当用点光源照射三维场景时，场景点与光源之间的可见性为二值可见性，即要么为 1（表示可见），要么为 0（表示不可见），此时绘制出的阴影具有清晰的边缘，阴影区与非阴影区之间不存在平滑过渡。当用面光源或者体光源照射三维场景时，场景点与光源之间的可见性不再是二值可见性，有可能光源对场景点部分可见、部分不可见，此时绘制出的阴影通常呈现柔和阴影特征。第二，要求能够正确地计算出经不同路径传播进入视点的光照值，从而绘制出光滑表面、漫反射表面、透明物体等与光交互后形成的视觉效果，其中包括镜面高光、焦散、颜色渗透、镜像等典型视觉效果。光传播路径可以分为光源发出的光经一次散射后进入视点的路径和光源发出的光经多次散射后进入视点的路径，前者对应直接光照（或者称为局部光照），后者对应间接光照。直接光照的计算相对简单，间接光照计算才是真实感三维场景绘制算法的核心问题。在电脑游戏中，经常使用环境遮挡（ambient occlusion）算法[15,16]来提高三维场景绘制画面的逼真度，它能正确地绘制场景中的"阴暗角落"，是对绘制质量和计算开销两者进行折中后开发的"廉价技术"。在各种研究文献中常见的全局光照绘制算法有光能辐射度算法、光线跟踪算法、路径跟踪算法、光子映射算法（photon mapping）、面发光度缓存算法（irradiance caching）、面发光亮度缓存算法（radiance caching）、瞬态光能辐射度算法（instant radiosity）等[17-26]。这些算法大多数可计算某些特定类型的光线传播路径携带的光能量，能够绘制出一种或几种全局光照效果。

参 考 文 献

[1] Hery C, Villemin R. Physically based lighting at Pixar//Physically Based Shading in Theory and Practice. Proceedings of SIGGRAPH 2013 Course, Anaheim, 2013: 22.

[2] Burley B. Extending the Disney BRDF to a BSDF with integrated subsurface scattering// Physically Based Shading in Theory and Practice. Proceedings of SIGGRAPH 2015 Course, Los Angeles, 2015: 22.

[3] 胡卓玮, 杨国东, 田静, 等. 3D GIS 中 3DS 数据模型的可视化研究. 吉林大学学报(信息科学版), 2004, 22(1): 87-90.

[4] Fava A, Fava E, Bertozzi M. MPIPOV: a parallel implementation of POV-Ray based on MPI. Lecture Notes in Computer Science, 2002, 1697: 426-433.

[5] Akenine-Möller T, Haines E, Hoffman N. Real-Time Rendering. 3th edition. Wellesley: A K Peters Ltd., 2008.

[6] 何援军. 论计算机图形学的若干问题. 上海交通大学学报, 2008, 42(4): 513-518.

[7] Shreiner D, The Khronos Open GLARB Working Group. OpenGL 编程指南. 第七版. 李军, 徐波,等译. 北京: 机械工业出版社, 2009.

[8] Wyman C, Davis S. Interactive Image-Space Techniques for Approximating Caustics. Proceedings of Symposium on Interactive 3D Graphics, Redwood City, 2006: 153-160.

[9] Nguyen K T, Jang H, Han J. Layered occlusion map for soft shadow generation. Visual Computer, 2010, 26(12): 1497-1512.

[10] McGuire M. The G3D graphics engine. Dr. Dobb's Journal. http://www.drdobbs.com/the-g3d-graphics-engine/184401883[2004-12-1].

[11] Pharr M, Humphreys G. Physically Based Rendering: From Theory to Implementation. 2rd edition. Burlington: Morgan Kaufmann Publishers, 2010.

[12] Steinhurst J, Coombe G, Lastra A. Reordering for Cache Conscious Photon Mapping. Proceedings of Graphics Interface, Victoria, 2005:97-104.

[13] Wang R, Tran J, Luebke D. All-frequency interactive relighting of translucent objects with single and multiple scattering. ACM Transactions on Graphics, 2005, 24(3):1202-1207.

[14] Parker S G, Bigler J, Dietrich A, et al. OptiX: a General Purpose Ray Tracing Engine. Proceedings of SIGGRAPH'10, Los Angeles, 2010: 66.

[15] Laine S, Karras T. Two methods for fast ray-cast ambient occlusion. Computer Graphics Forum, 2010, 29(4): 1325-1333.

[16] McGuire M. Ambient Occlusion Volumes. Proceedings of the Conference on High Performance Graphics, Saarbrucken, 2010: 47-56.

[17] Neumann L, Neumann A. Radiosity and hybrid methods. ACM Transactions on Graphics, 1995, 14(3): 233-265.

[18] Chen C, Yang H, Li H. Interactive Rendering of Approximate Soft Shadows Using Ray Tracing with Visibility Filtering. Proceedings of 2016 International Conference on Computer Science, Technology and Application, Changsha, 2016: 68-74.

[19] Wald I, Mark W R, Günther J, et al. State of the art in ray tracing animated scenes. Computer Graphics forum, 2009, 28(6): 1691-1722.

[20] Lafortune E P, Willems Y D. Bi-directional path tracing. Proceedings of Compugraphics'93, Alvor, 1993: 145-153.

[21] Günther J, Wald I, Slusallek P. Realtime Caustics Using Distributed Photon Mapping. Proceedings of Eurographics Symposium on Rendering, Norrkping, 2004: 111-122.

[22] Kinuwaki S, Smyk M, Ďurikovič R, et al. Temporally coherent irradiance caching for high quality animation rendering. Computer Graphics Forum, 2005, 24(3). 401-412.

[23] Křivánek J, Cautron P, Pattanaik S, et al. Radiance caching for efficient global illumination computation. IEEE Transactions on Visualization and Computer Graphics, 2005, 11(5): 550-561.

[24] Keller A. Instant Radiosity. Proceedings of the 24th Annual Conference on Computer Graphics and Interactive Techniques, Los Angeles, 1997: 49-56.

[25] 陈纯毅, 杨华民, 李文辉, 等. 基于帧间虚拟点光源重用的动态场景间接光照近似求解算法. 吉林大学学报(工学版), 2013, 43(5): 1352-1358.

[26] 马爱斌, 陈纯毅, 李华. 基于反射阴影图的间接光照绘制改进算法. 长春理工大学学报(自然科学版), 2015, 38(1): 136-142.

第2章 真实感三维场景建模

要用计算机来生成具有照片级真实感的三维场景画面，首先必须建立三维场景模型。三维场景模型的质量决定了最终的绘制画面质量。前一章已经对三维场景建模进行了概要性的叙述，本章将对该问题作进一步的讨论。三维场景建模大致上可以分成几何建模、材质建模、光源建模等关键工作内容，下面主要介绍与这几个方面相关的基本原理和实现方法。

2.1 三维几何对象描述与建模

利用计算机绘制三维场景画面的前提是，能在计算机中有效地表示三维场景中的各种几何对象。如果要绘制动态三维场景，还必须指定三维几何对象运动变化描述方法。在第 1 章中曾提到过，对于一般三维建模人员而言，可以使用 3DS Max、Maya、Blender、DAZ Studio 等三维建模软件来创建三维场景模型。各种三维建模工具软件通常都提供一些简单的基本几何对象，例如，三角形、矩形、圆、平行六面体、圆柱、圆锥等。利用这些基本的几何对象，再加上各种变换与操纵工具，三维建模人员可以创建出很多具有实用价值的三维模型。本节并不详细介绍各种三维建模工具软件的使用方法和技巧，只讨论三维场景几何对象的数学描述方法，以便读者能够理解各种三维几何模型在计算机中的表示和存储方式。

图 2-1 为"康奈尔盒子"三维场景，场景中包含 3 个立方体，其中两个相对较小的立方体位于最大的立方体之内。该三维场景包含 80 个顶点和 36 个三角形面片，如表 2-1～表 2-3 所示。每个三维顶点 v 用三个分量 v_x、v_y 和 v_z 来描述，每个三角形面片用三个顶点来指定。在定义三角形面片时，用顶点的编号代表顶点。

图 2-1 "康奈尔盒子"三维场景

表 2-1　"康奈尔盒子"场景中的顶点（1～40）

编号	v_x	v_y	v_z	编号	v_x	v_y	v_z
1	−1.1559	0.4339	0	21	1.1301	−1.8521	2.2860
2	1.1301	−1.8521	2.2860	22	1.1301	−1.8521	2.2860
3	1.1301	0.4339	0	23	1.1301	−1.8521	0
4	−1.1559	0.4339	2.2860	24	−1.1559	−1.8521	0
5	1.1301	0.4339	2.2860	25	−0.4881	−1.4711	0
6	−1.1559	−1.8521	0	26	0.1086	−1.2539	0
7	1.1301	−1.8521	0	27	−0.7052	−0.8744	0
8	−1.1559	−1.8521	2.2860	28	−0.1085	−0.6572	0
9	−1.1559	0.4339	0	29	−0.4881	−1.4711	1.2700
10	−1.1559	−1.8521	2.2860	30	0.1086	−1.2539	1.2700
11	−1.1559	−1.8521	2.2860	31	−0.7052	−0.8744	1.2700
12	−1.1559	0.4339	0	32	−0.1085	−0.6572	1.2700
13	1.1301	0.4339	0	33	−0.4881	−1.4711	0
14	1.1301	0.4339	2.2860	34	0.1086	−1.2539	0
15	−1.1559	0.4339	2.2860	35	0.1086	−1.2539	1.2700
16	−1.1559	0.4339	2.2860	36	0.1086	−1.2539	1.2700
17	−1.1559	0.4339	0	37	−0.4881	−1.4711	1.2700
18	1.1301	0.4339	0	38	−0.4881	−1.4711	0
19	−1.1559	−1.8521	0	39	−0.1085	−0.6572	0
20	−1.1559	−1.8521	2.2860	40	0.1086	−1.2539	1.2700

表 2-2　"康奈尔盒子"场景中的顶点（41～80）

编号	v_x	v_y	v_z	编号	v_x	v_y	v_z
41	−0.1085	−0.6572	0	61	0.5151	−0.7249	0.6350
42	−0.7052	−0.8744	0	62	0.5151	−0.7249	0.6350
43	−0.7052	−0.8744	1.2700	63	−0.0983	−0.5606	0.6350
44	−0.7052	−0.8744	1.2700	64	−0.0983	−0.5606	0
45	−0.1085	−0.6572	1.2700	65	0.6795	−0.1116	0
46	−0.1085	−0.6572	0	66	0.5151	−0.7249	0.6350
47	−0.7052	−0.8744	0	67	0.6795	−0.1116	0
48	−0.4881	−1.4711	1.2700	68	0.0661	0.0528	0
49	−0.4881	−1.4711	1.2700	69	0.0661	0.0528	0.6350
50	−0.7052	−0.8744	0	70	0.0661	0.0528	0.6350
51	−0.0983	−0.5606	0	71	0.6795	−0.1116	0.6350
52	0.5151	−0.7249	0	72	0.6795	−0.1116	0
53	0.0661	0.0528	0	73	0.0661	0.0528	0
54	0.6795	−0.1116	0	74	−0.0983	−0.5606	0.6350
55	−0.0983	−0.5606	0.6350	75	−0.0983	−0.5606	0.6350
56	0.5151	−0.7249	0.6350	76	0.0661	0.0528	0
57	0.0661	0.0528	0.6350	77	−0.2034	−0.5186	2.2860
58	0.6795	−0.1116	0.6350	78	0.1776	−0.5186	2.2860
59	−0.0983	−0.5606	0	79	−0.2034	−0.8996	2.2860
60	0.5151	−0.7249	0	80	0.1776	−0.8996	2.2860

表 2-3　"康奈尔盒子"场景中的三角形面片

编号	顶点编号	顶点编号	顶点编号	编号	顶点编号	顶点编号	顶点编号
1	6	7	3	19	41	42	43
2	3	1	6	20	44	45	46
3	8	4	5	21	47	25	48
4	5	2	8	22	49	31	50
5	9	4	10	23	51	53	54
6	11	6	12	24	54	52	51
7	13	14	15	25	55	56	58
8	16	17	18	26	58	57	55
9	19	20	21	27	59	60	61
10	22	23	24	28	62	63	64
11	25	27	28	29	52	65	58
12	28	26	25	30	58	66	52
13	29	30	32	31	67	68	69
14	32	31	29	32	70	71	72
15	33	34	35	33	73	51	74
16	36	37	38	34	75	57	76
17	26	39	32	35	79	77	80
18	32	40	26	36	78	80	77

　　在计算机中，可以用二维数组来存储"康奈尔盒子"三维场景的所有顶点和三角形面片。在绘制三维场景时，只要知道某个三角形面片的编号，就可以通过查表找到该三角形的三个顶点对应的顶点编号，进而在表 2-1 和表 2-2 中找到相应的顶点的三个坐标分量。值得指出的是，虽然表 2-1～表 2-3 所示的二维表可以精确地描述三维场景中的顶点和三角形面片，但是实际三维场景模型往往还包括其他一些对绘制算法有用的信息，例如，每个顶点的法向量和纹理坐标，这些信息对几何对象表面的光照着色计算非常有用。现有的各种三维建模工具软件可以输出许多不同格式的三维场景模型，例如，OBJ 和 3DS 格式。在上述例子中，三角形被当成基本图元，用来构成复杂的几何对象，这一方面是因为三角形本身固有的简单性，另一方面则是因为它的通用性（可以用三角形网格来逼近大多数常见的复杂曲面）。尽管如此，在某些特定的绘制程序中，也可以用其他的几何概念来建模三维几何对象。例如，在 OptiX 光线跟踪引擎[1]中就可以直接用立方体的体对角线上的两个顶点来描述一个立方体，用球心和半径来描述一个球，以避免大量三角形面片的使用，从而节省存储空间。

　　复杂三维场景往往包含大量的几何对象，在三维绘制程序中如果直接用前面例子所示的二维表方法来描述三维场景，则可能导致绘制算法执行效率低下的问题。此时可以采用层次结构来描述三维场景中的几何对象。例如，一个三维场景中包含 100 只相同的兔子，如果按照前面的方法，则需要把每只兔子的三维顶点和三角形面片都保存在二维表中。如果采用层次结构建模方法，则只需要保存一只兔子的三维模型数据，其他兔子的三维模型数据可以通过旋转、平移、缩放等三维变换来获得，此种三维建模方法会显著减小三维模型数据的计算机存储空间消耗，提高绘制程序的性能。实际上，OptiX 光线跟踪引擎就引入了几何对象实例（geometry instance）、几何对象组（geometry group）、组（group）、变换（transform）、选择器（selector）等场景模型结点，每个结点对应一个或者一组三维几何对象，通过它们可以在计算机内存中构建出一个层次式的三维场景数据结构。此外，通过使用变换结点可灵活控制与结点关联的几何对象，例如，对几何对象进行平移、旋转和缩放控制。

虽然利用各种三维建模工具软件可以制作出丰富多彩的三维模型，但是手工建模方式往往导致大量的人力开销。随着三维扫描技术的快速发展，使用三维扫描设备可以在很短的时间内获取一个复杂三维对象的几何点云数据（即深度图像），从而在计算机中重建出对应的三维对象。目前，不少三维扫描设备可以同时获取三维几何对象的几何点云数据和颜色信息数据（即纹理图像）。为了获取整个三维几何对象的几何点云数据，要求在多个不同的视点处扫描三维几何对象，通过深度图像配准把不同视点对应的扫描结果拼接在一起。在早期，三维扫描设备的深度图像配准需要人工干预，执行效率低卜。现在，已有研究者提出自动配准方法，能够显著地提高三维扫描的速度和精度[2]。当前，已出现不少商用的三维扫描设备，例如，Inspeck 彩色三维扫描系统[3]。此外，也有人研究用微软公司的 Kinect 传感器来实现三维扫描，据报道可以快速重建包含纹理信息的人体模型[4]。值得一提的是，斯坦福扫描模型库中的三维模型也是利用三维扫描技术生成的，其为大量图形绘制方面的研究提供了标准的算法性能测试模型数据。

2.2　物体材质建模

三维物体的颜色取决于经物体表面散射进入观察者眼睛的光波长。在现实世界中，入射到三维物体表面上的光很多情况下可近似当成白光（例如太阳光），白光是由不同波长的光混合在一起形成的宽谱光波。不同材质的三维物体对白光中的不同光频分量的散射能力往往不同，因此太阳光照射在不同物体上可能呈现出不同的颜色。要想绘制出具有照片级真实感的三维场景画面，就必须为三维场景中的不同几何对象设置合适的材质模型，以便正确模拟光与几何对象表面之间的交互。虽然在真实世界中，波长为 380 nm～780 nm 的光都为可见光，但在计算机图形学中通常只计算红、绿、蓝三种颜色的光经物体表面散射后到达视点的光亮度。因此，在为三维几何对象设置材质数据时，需要分别指定对红光、绿光和蓝光的传递因子，即所谓的"表面颜色"[5]。当然，与此对应，也需要为光源指定红、绿、蓝三种颜色的发光强度。

当光波遇到三维物体时，可能在物体表面发生反射，也可能从物体表面透射过去（即发生折射）。如第 1 章所述，在计算机图形学中，这种反射和透射统称为散射。光在三维对象表面发生的散射和三维对象表面材料的化学性质密切相关。例如，塑料物体和金属物体表面的质感明显不同。镜面反射和郎伯漫反射是计算机图形学中常见的两种特殊反射类型，如图 2-2 和图 2-3 所示。在图 2-2 和图 2-3 中，向量 L 表示光照入射方向的反向向量，向量 N 表示在光照入射点处的三维几何对象表面法向量，向量 R 表示反射光方向。对于镜面反射来说，反射光方向向量 R 由镜面反射定律确定；对于漫反射来说，反射光方向 R 不再是单一的方向，实际上在法向量 N 指向的正半空间内的各个方向上都可能观察到漫反射光。在此，正半空间指所有那些满足条件 $V \cdot N \geqslant 0$ 的方向向量 V 指向的空间。在对三维物体表面的光散射特性进行数学建模时，很难用统一的数学表达式来同时描述镜面反射和漫反射。在理想的情况下，只有在满足镜面反射定律的方向上才能观察到镜面反射光，在其他方向上不能观察到镜面反射光。在实际三维几何对象材质建模中，通常分别为几何对象指定镜面反射和漫反射材质参数项。由于镜面反射具有特殊的方向依赖性，也有文献将其称为冲激型散射[5]。对于透明玻璃球这样的物体，光到达物体表面后会从表面透射过去，光的透射可以用斯涅耳定律进行描述，此时的透射光也具有与镜面反射光类似的方向依赖性，也可以看成是冲激型散射。

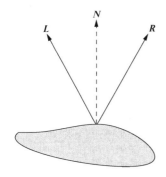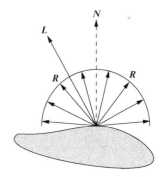

图 2-2　几何对象表面对光的镜面反射示意图　　图 2-3　几何对象表面对光的漫面反射示意图

三维物体表面对入射光的散射特性可用双向散射分布函数来描述，其可以定义为如下的映射：$(\boldsymbol{\omega}_i, \boldsymbol{\omega}_o) \mapsto f_s(\boldsymbol{\omega}_i, \boldsymbol{\omega}_o)$[5]。双向散射分布函数具有两个参数，$\boldsymbol{\omega}_i$ 为入射光方向的反向向量，$\boldsymbol{\omega}_o$ 为散射光方向向量。具有不同散射特性的物体表面具有不同的双向散射分布函数。图 2-4～图 2-6 给出了镜面反射、郎伯漫反射和光滑反射表面的双向散射分布函数的形状，其中假设 ω_i、ω_o 和 N 在同一个平面内。镜面反射表面的双向散射分布函数是一个冲激响应函数，即当 ω_o 正好为理想的镜面反射方向向量时，$f_s(\omega_i,\omega_o)=\infty$，否则 $f_s(\omega_i,\omega_o)=0$。郎伯漫反射表面的双向散射分布函数 $f_s(\omega_i,\omega_o)=1/\pi$，即郎伯漫反射表面的双向散射分布函数不依赖于散射方向向量 ω_o。介于镜面反射和郎伯漫反射之间的光滑反射表面的双向散射分布函数在镜面反射方向上存在极大值，但在其他方向上并不为 0，即向各个方向都能散射光，只是强弱不同。除理想的镜面反射和郎伯漫反射对象外，对于现实世界中的大多数物体，难以用简单的解析表达式来描述其双向散射分布函数。通常用表格的形式存储实测的真实物体表面双向反射分布函数。

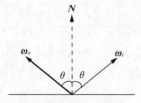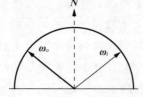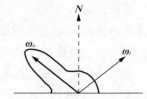

图 2-4　镜面反射表面的双向　　图 2-5　郎伯漫反射表面的双　　图 2-6　光滑反射表面的双向
　　散射分布函数形状　　　　　　向散射分布函数形状　　　　　散射分布函数形状

2.2.1　经验材质模型

在计算机图形学中，人们经常用一些经验材质模型来描述一类物体表面的材质特性。图 2-4 给出了镜面反射表面的双向散射分布函数的形状。根据图 2-4 和镜面反射的定义可以很容易地发现，$\omega_o=\omega_i-2(N\cdot\omega_i)N$，如果不考虑表面对光的吸收作用，反射光亮度等于入射光亮度。本章假设 ω_o、ω_i、N 都为归一化向量。当然，在真实世界中，三维物体可能会吸收一部分入射光。可以用一个镜面反射系数 ρ_s 来描述有多少光被反射（$0<\rho_s<1$），此时镜面反射可以表示为 $I_o=\rho_s I_i$，其中，I_i 表示入射光强，I_o 表示反射光强。在某些情况下，镜面反射系数 ρ_s 可能具有波长依赖性，即物体表面对红光、绿光和蓝光的反射系数不一样。图 2-5 给出了郎伯漫反射表面的双向散射分布函数的形状，与镜面反射不同，郎伯漫反射可以表示为 $I_o=\rho_d I_i\max(\omega_i\cdot N,0)$，其中，$\rho_d$ 表示漫反射系数，$\max(x,y)$ 表示取 x 和 y 两者的最大值。类似于镜面反射，ρ_d 也可能有波长依赖性。

对于图 2-6 所示的光滑反射表面的双向散射分布函数来说，其包含一个主瓣，对应了反射光最强的方向，同时在光照入射点的法向量指向的正半空间内的其他方向上也有反射光。在各种文献中，人们经常用 Phong 模型来描述光滑反射表面的材质特性。如果假设光照源自一个点 l，则三维场景中的某几何对象表面上的点 P 处在 ω_o 方向上的反射光强可写为[5]

$$I_o = \rho_a I_a + f(d) I_l \left[\rho_d (\boldsymbol{\omega}_i \cdot \boldsymbol{N}) + \rho_s (\boldsymbol{N} \cdot \boldsymbol{h})^{n_s} \right] \tag{2-1}$$

式中，ρ_a 表示环境光反射系数；I_a 表示环境光强；I_l 表示点 l 发出的光强；n_s 表示镜面反射指数；$f(d)$ 的参数 d 表示点 $\boldsymbol{P}$ 到点 l 的距离；$f(d)$ 表示光强衰减因子[5]，有

$$f(x) = \min \left(1, \frac{1}{a + bx + cx^2} \right) \tag{2-2}$$

半角向量 $\boldsymbol{h}$ 定义为[5]

$$\boldsymbol{h} = \frac{\boldsymbol{\omega}_i + \boldsymbol{\omega}_o}{\| \boldsymbol{\omega}_i + \boldsymbol{\omega}_o \|} \tag{2-3}$$

在式（2-2）中，$\min(x, y)$ 表示取 x 和 y 两者的较小值；a、b 和 c 是用于控制衰减因子形状的参数。通过改变镜面反射指数 n_s 可以控制 Phong 模型描述的物体表面材质的镜面反射程度。n_s 越大表示镜面反射越明显。针对 Phong 模型，图 2-7 给出了不同镜面反射指数对应的高光绘制效果。注意，镜面反射具有很强的方向性，因此高亮反射区域越小表明反射光方向越集中，即物体表面材质的镜面反射程度越高。从图 2-7 可以发现，镜面反射指数越大，物体表面材质的镜面反射程度越高。另外，对比图 2-7 中的三个子图可以发现，镜面反射指数越小，物体表面从整体上看起来越亮。这并不符合人们对物体表面反射特性的日常直觉认知。出现这一现象的原因是，Phong 模型并不是基于物理的材质模型，只是在一定经验范围内的近似，实际上在 $n_s \to 0$ 的极限情况下，即使 $\boldsymbol{h}$ 和 $\boldsymbol{N}$ 的夹角接近 90°，Phong 模型的镜面反射项的反射光强也等于 $f(d) I_l \rho_s$。因此，如果希望用 Phong 模型来建模光滑度较低的物体表面材质，在减小镜面反射指数的同时需要适当减小镜面反射系数，以便使绘制结果看起来不至于太失真。

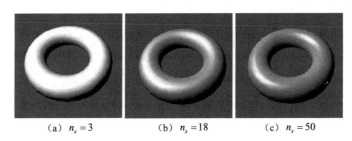

（a）$n_s = 3$　　　　　（b）$n_s = 18$　　　　　（c）$n_s = 50$

图 2-7　不同镜面反射指数对应的高光效果

前面的材质模型使用术语"光强"来描述入射和散射光特性。不少文献都使用这一术语来定义材质模型。然而，相关文献并未对"光强"的物理单位进行准确说明。如果按照前面对双向散射分布函数的定义，Blinn-Phong 反射型材质模型的双向反射分布函数可以写为[5,6]

$$f_s(\boldsymbol{\omega}_i, \boldsymbol{\omega}_o) = \frac{k_d}{\pi} + k_G \frac{8 + n_s}{8\pi} \Big[\max(0, \boldsymbol{h} \cdot \boldsymbol{N}) \Big]^{n_s} \tag{2-4}$$

式中，k_d 和 k_G 分别是郎伯和光滑反射系数，都是 0～1 的实数。此外，通常要求 $k_d^2 + k_G^2 \leqslant 1$。在 OptiX 光线跟踪引擎中，可以在加载三维对象几何模型时，为三维对象绑定材质计算程序，所有的材质参数（例如，漫反射系数、镜面反射系数、镜面反射指数等）在材质计算程序中将被使用。具体如何根据传到材质计算程序中的材质参数计算光照反射结果则可以由程序员自己来设计。因此，OptiX 提供了一个灵活的框架，程序员可以根据自己的特殊需求来编写特定的算法实现代码。

2.2.2　基于物理的材质模型

虽然经验材质模型在不少场合能获得比较满意的结果。但是，在一些特殊情况下，用经验材质模型绘制出的三维场景画面会丢失一些关键的质感细节。如果想要在绘制的画面中展现这些细节，则需要使用基于物理的材质模型。物理上正确的物体表面双向散射分布函数模型要求满足能量守恒和互易定律。对于某些光滑表面（例如水面，如图 2-8 所示），当光入射到它们上面时，会有一部分光发生反射，一部分光发生折射。可以使用菲涅耳公式来计算光在这种情形下的菲涅耳反射[5]：

$$R_F = \frac{R_p + R_s}{2} \tag{2-5}$$

$$R_p = \left(\frac{n_2 \cos\theta_i - n_1 \cos\theta_t}{n_2 \cos\theta_i + n_1 \cos\theta_t} \right)^2 \tag{2-6}$$

$$R_s = \left(\frac{n_1 \cos\theta_i - n_2 \cos\theta_t}{n_1 \cos\theta_i + n_2 \cos\theta_t} \right)^2 \tag{2-7}$$

式中，R_p 和 R_s 表示平行偏振和垂直偏振反射项；n_1 和 n_2 为两种介质的折射率；θ_i 和 θ_t 分别为光的入射角和折射角。光的折射角和入射角的关系可以写为[5]

$$\sin\theta_t = \frac{n_1}{n_2} \sin\theta_i \tag{2-8}$$

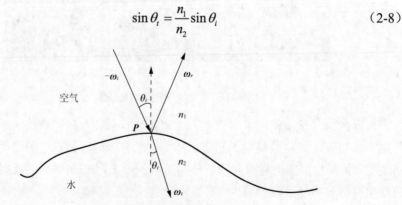

图 2-8　光在水面处发生的反射和折射

注意 R_F 依赖于 θ_i、n_1 和 n_2。在计算出 R_F 后，如果入射光亮度为 $L(P, -\omega_i)$，则反射光亮度和折射光亮度[5]分别为

$$L(P, \omega_r) = R_F L(P, -\omega_i) \tag{2-9}$$

$$L(P, \omega_t) = (1 - R_F)(n_2^2 / n_1^2) L(P, -\omega_i) \tag{2-10}$$

在许多情况下可以使用如下近似来计算菲涅耳反射[5]：

$$R_F(\theta_i) = R_F(0) + \left[1 - R_F(0)\right](1 - \cos\theta_i)^5 \tag{2-11}$$

式中，$R_F(0)$ 表示入射角为 $0°$ 时的菲涅耳反射项。如前面所述，物理正确的材质模型需要满足能量守恒和互易两个条件。能量守恒可以表示成如下数学关系[7]：

$$\forall \omega_o, \int_{\Omega_+} f_s(\omega_i, \omega_o)(\omega_i \cdot N) \mathrm{d}\omega_i \leqslant 1 \tag{2-12}$$

式中，Ω_+ 表示光照入射点处的法向量 N 指向的正半空间。互易可以表示成如下数学关系[7]：

$$f_s(\omega_i, \omega_o) = f_s(\omega_o, \omega_i) \tag{2-13}$$

值得指出的是，实际上双向散射分布函数可能具有位置依赖性，即物体表面上不同位置处的双向散射分布函数并不相同。然而，为了表达的简洁性，前面的数学公式没有在双向散射分布函数的参数列表中显式地写出物体表面位置参数。文献[7]给出了三个不同的双向散射分布函数表达式，用来拟合实测数据，以获得具有物理正确性的材质模型。最简单的模型是纯郎伯漫反射和单瓣镜面反射的组合，其数学表达式如下[7]：

$$f_s(\omega_i, \omega_o) = \frac{k_d}{\pi} + \frac{k_s R_F D(h)}{4(\omega_o \cdot h)\left[(\omega_i \cdot N)(\omega_o \cdot N)\right]^\alpha} \tag{2-14}$$

式中，R_F 表示式（2-5）给出的菲涅耳反射项，其可以用式（2-11）简化计算；k_d 表示漫反射系数；k_s 表示镜面反射系数；$D(\cdot)$ 表示归一化亚面元分布函数[7]：

$$D(h) = \frac{1}{\pi m_x m_y \cos^4 \theta_h} q(h) \tag{2-15}$$

$$q(h) = \exp\left[-\tan^2\theta_h\left(\frac{\cos^2\phi_h}{m_x^2} + \frac{\sin^2\phi_h}{m_y^2}\right)\right] \tag{2-16}$$

式中，ϕ_h 表示半角向量 h 与法向量 N 的夹角；m_x 和 m_y 用来控制材质的各项异性程度，当 $m_x \neq m_y$ 时，物体表面为各项异性材质，否则物体表面为各项同性材质。

将漫反射和镜面反射耦合在一起可用如下模型来拟合测量数据[7]：

$$f_s(\omega_i, \omega_o) = \frac{k_d(1 - R_F)}{\pi} + \frac{k_s R_F D(h)}{4(\omega_o \cdot h)\left[(\omega_i \cdot N)(\omega_o \cdot N)\right]^\alpha} \tag{2-17}$$

如果考虑多个镜面反射主瓣，则可以用如下模型来拟合测量数据[7]：

$$f_s\left(\boldsymbol{\omega}_i,\boldsymbol{\omega}_o\right)=\frac{k_d}{\pi}+\sum_{l=1}^{N_l}\frac{k_{s,l}R_{F,l}D(\boldsymbol{h})}{4\left(\boldsymbol{\omega}_o\cdot\boldsymbol{h}\right)\left[\left(\boldsymbol{\omega}_i\cdot N\right)\left(\boldsymbol{\omega}_o\cdot N\right)\right]^{\alpha_l}} \tag{2-18}$$

式中，N_l 表示镜面反射主瓣数；$k_{s,l}$ 表示第 l 个主瓣对应的镜面反射系数；$R_{F,l}$ 表示第 l 个主瓣对应的菲涅耳反射项。

当液体附着在物体表面上时，物体表面的光散射特性可能会发生明显的变化。例如，刚从水中取出的鹅卵石的质感和干燥的鹅卵石的质感明显不同，干燥的公路和被雨水浸湿的公路也呈现出不同的材质特征。如何对附着液体的物体的材质特性进行建模，是真实感三维场景建模中的一个重要问题。Jensen 等[8]对这一问题进行过深入研究，他们使用双层表面反射模型来描述附着在物体表面上的液体薄层与光之间的交互，因此，同时将光在空气-液体分界面和液体-物体分界面上的交互纳入到模型之中。

根据菲涅耳公式，可以把透射过空气-液体分界面和液体-物体分界面的光亮度与入射光亮度的比例系数分别写为[8]

$$T_{12}=\left(\frac{n_2}{n_1}\right)^2\left[1-R_{F,12}\left(\boldsymbol{\omega}_1,n_1,n_2\right)\right] \tag{2-19}$$

$$T_{23}=\left(\frac{n_3}{n_2}\right)^2\left[1-R_{F,23}^k\left(\boldsymbol{\omega}_2,n_2,n_3\right)\right] \tag{2-20}$$

式中，n_1、n_2、n_3 分别为空气、液体、物体的折射率（图 2-9）；$\boldsymbol{\omega}_1$ 是空气-液体分界面处的入射光线方向；$\boldsymbol{\omega}_2$ 是空气-液体分界面处的折射光线方向；$R_{F,12}(\cdot)$ 和 $R_{F,23}(\cdot)$ 分别表示在空气-液体分界面和液体-物体分界面上的菲涅耳反射项，在此显式地写出了菲涅耳反射项对入射方向和介质折射率的依赖（入射角由入射方向与表面法向量决定）；k 为一个用于描述物体表面粗糙度的常数。透过液体-物体分界面的光亮度可以写为[8]

$$L_t\left(\boldsymbol{P}',\boldsymbol{\omega}_3\right)=\left(\frac{n_3}{n_1}\right)^2\left[1-R_{F,12}\left(\boldsymbol{\omega}_1,n_1,n_2\right)\right]\left[1-R_{F,23}^k\left(\boldsymbol{\omega}_2,n_2,n_3\right)\right]L_i\left(\boldsymbol{P},\boldsymbol{\omega}_1\right) \tag{2-21}$$

式中，$L_i(\cdot)$ 表示点 $\boldsymbol{P}$ 处的入射光亮度；$\boldsymbol{\omega}_3$ 是光在液体-物体分界面处的折射方向（光沿该方向入射到物体上）。当光被物体反射向外传播时，应用光传播路径可逆原理，按照前面的步骤同样可以写出对应的数学表达式。Jensen 等[8]把表面附着液体的亚面元散射物体当做参与性介质，使用散射系数、吸收系数和相函数等参数来控制参与性介质的外观特征。Jensen 等[8]使用如下相函数：

$$\varphi\left(\cos\theta,g_1,g_2,w\right)=w\frac{1-g_1^2}{\left(1-2g_1\cos\theta-g_1^2\right)^{1.5}}+(1-w)\frac{1-g_2^2}{\left(1-2g_2\cos\theta+g_2^2\right)^{1.5}} \tag{2-22}$$

式中，θ 表示入射方向与散射方向的夹角；$g_1\in[0,1]$ 和 $g_2\in[0,1]$ 分别用来控制前向散射和后向散射，w 为前向散射相对于后向散射的权重。

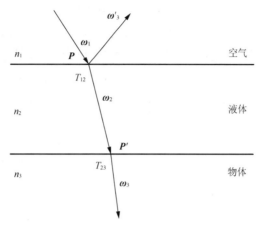

图 2-9　光透射过液体薄层的示意图

在根据前面的 Phong 模型计算物体表面的反射光照时，反射光最强的方向是理想镜面反射方向。然而，许多真实的非镜面反射物体的反射光强度并非在理想镜面反射方向上取最大值，反射光强最大的方向可能偏离理想镜面反射方向。不少文献[5,9]使用微面理论来描述这类物体表面，进而设计出相应的物体表面材质模型。例如，Cook-Torrance 模型就是一个基于微面理论构建出的材质模型，其给出的双向反射分布函数如下[5]：

$$f_r\left(\boldsymbol{\omega}_i,\boldsymbol{\omega}_o,\lambda\right) = sR_s\left(\boldsymbol{\omega}_i,\boldsymbol{\omega}_o,\lambda\right) + d\cdot R_d\left(\lambda\right) \tag{2-23}$$

式中，s 和 d 分别是镜面反射率与漫反射率，$R_s(\cdot)$ 和 $R_d(\cdot)$ 分别是镜面反射与漫反射的双向反射分布函数：

$$R_s\left(\boldsymbol{\omega}_i,\boldsymbol{\omega}_o,\lambda\right) = \frac{R_F\left(\theta_i,\lambda\right)}{\pi}\frac{D\left(\alpha\right)G\left(\boldsymbol{\omega}_i,\boldsymbol{\omega}_o\right)}{\pi\left(\boldsymbol{N}\cdot\boldsymbol{\omega}_i\right)\left(\boldsymbol{N}\cdot\boldsymbol{\omega}_o\right)} \tag{2-24}$$

$$G\left(\boldsymbol{\omega}_i,\boldsymbol{\omega}_o\right) = \min\left\{1, 2\frac{\left(\boldsymbol{N}\cdot\boldsymbol{h}\right)\left(\boldsymbol{N}\cdot\boldsymbol{\omega}_o\right)}{\left(\boldsymbol{\omega}_o\cdot\boldsymbol{h}\right)}, 2\frac{\left(\boldsymbol{N}\cdot\boldsymbol{h}\right)\left(\boldsymbol{N}\cdot\boldsymbol{\omega}_i\right)}{\left(\boldsymbol{\omega}_o\cdot\boldsymbol{h}\right)}\right\} \tag{2-25}$$

$$D\left(\alpha\right) = \frac{1}{m^2\cos^4\alpha}\exp\left[-\left(\tan\alpha/m\right)^2\right] \tag{2-26}$$

其中，$R_F(\cdot)$ 表示前面提到的菲涅耳反射项；$\boldsymbol{h}$ 由式（2-3）定义；$\boldsymbol{N}$ 表示反射点处的单位法向量；$\alpha = \arccos(\boldsymbol{N}\cdot\boldsymbol{\omega}_i)$；$\theta_i$ 为光照入射角；m 为微面斜率分布函数的控制参数。式（2-23）和式（2-24）显式地给出了双向反射分布函数对光波长 λ 的依赖。

在实际的三维绘制程序编写过程中，三维物体表面材质模型可以用着色器形式来实现。材质设计师用着色器程序来描述，如何根据表面的材质参数计算表面对光的散射作用。为了快速地观察到调节着色器参数后生成的三维场景画面，可以使用 GLMAN 辅助工具软件来编写着色器程序[10]，该软件提供能支持快速调参和结果显示的人机接口，可提高编写着色器程序的效率。然而，用着色器实现材质建模可能给需要执行重要性采样操作的绘制算法带来困难。最近，英伟达公司发布了材质定义语言[11]，可以较好地解决该问题。材质定义语言包含基于材质模型的声明定义和用于计算材质模型参数值的过程语言两部分。材质定义语言独立于具体的绘制算法，能够为路径跟踪和重要性采样等算法提供包含丰富特性的材质模型描述手段，且允许用户自定义特定领域的材质库以方便重用。材质定义语言支持对双向散射分布函数的建模。复杂双向散射分布函数的参数可用一组基本双向散射分布函数及相关的运算来描述。

2.3　光　源　建　模

在三维图形学中，从概念上讲，光源可以被看做是能主动发光的几何对象。虽然自然界中的光源可能会发出五颜六色的光线，但在计算机三维绘制算法中通常用红、绿、蓝三原色来描述光的颜色，即各种不同颜色的光由红、绿、蓝三种原色光按不同比例混合而成。光源除了有颜色参数外，还有几何参数。例如，室内场景中的白炽灯和显示器屏幕都可以看成光源，但是白炽灯和显示器屏幕在几何尺寸上明显不同，而且发射的光线的方向分布也不一样，这两种光源发光强度的空间分布特性也存在显著差异。因此，如何在数学上描述光源是真实感三维场景绘制中的一个很重要的问题。真实世界中存在大量不同类型的光源，但为了便于数学建模，在三维图形学中往往用一些简单的模型来描述光源的几何特性。虽然这些简单的光源模型不能完全正确地表示真实光源的物理特性，但是，通过计算机也能绘制出在视觉上可以接受的三维场景画面。

2.3.1　理想点光源

点光源是最简单的光源模型，其把光源看成无限小的点。最基本的点光源是全向点光源。在数学上，全向点光源用光源的位置和强度两个参数来描述。如图 2-10 所示，全向点光源向四周空间都发射光照，且各个方向上的光照发射强度相同。如前所述，光源发出的光线具有颜色属性。因此，全向点光源的发射强度在实际绘制算法中被表示为一个包含三个元素的向量，向量的三个元素分别对应了红、绿、蓝三种原色

图 2-10　全向点光源示意图

光的强度。根据直觉就可以发现，可视场景点离点光源越远，光源发出的光直接被可视场景点散射后进入人眼的光看起来越暗。所以，在真实感三维绘制算法中，可视场景点处的直接光照亮度需要根据可视场景点到点光源的距离来进行计算。在物理上比较合理的计算方法是[6]

$$I_v = \frac{I_l}{f(d)} \tag{2-27}$$

$$f(d) = d^2 \tag{2-28}$$

式中，$d = \|\boldsymbol{p}_l - \boldsymbol{p}_v\|$ 表示点 $\boldsymbol{p}_l$ 到点 $\boldsymbol{p}_v$ 的距离，其中，$\boldsymbol{p}_l$ 表示点光源所在位置，$\boldsymbol{p}_v$ 表示可视场景点所在位置；I_v 表示在可视场景点 $\boldsymbol{p}_v$ 处的入射光强度；I_l 表示点光源的发光强度。虽然，式（2-27）和式（2-28）表示的模型具有比较正确的物理意义，但是在 $d = 0$ 时存在奇异性，且在实际绘制计算过程中，如果 d 非常接近于 0，则 $1/f(d)$ 将取一个非常大的值，这会导致绘制结果出现明显的失调。在实际绘制算法设计中，式（2-28）所示的 $f(d)$ 经常写为以下形式[6]：

$$f(d) = \begin{cases} 1, & d \leqslant d_s \\ \dfrac{d_e - d}{d_e - d_s}, & d_s < d < d_e \\ 0, & d \geqslant d_e \end{cases} \tag{2-29}$$

$$f(d) = \begin{cases} f_m \cdot \exp\left[k_0 \left(d / d_c \right)^{-k_1} \right], & d \leqslant d_c \\ f_c \cdot \left(\dfrac{d_c}{d} \right)^{s_e}, & d > d_c \end{cases} \tag{2-30}$$

式中，d_s、d_e、d_c、f_m、f_c、k_0、k_1、s_e 是光源属性参数，$k_0 = \ln(f_c / f_m)$，$k_1 = s_e / k_0$。式（2-29）所示的模型在 $d = 0$ 时不存在奇异性，允许 $d = 0$ 作为函数的输入参数。式（2-30）所示的模型一般在动画电影绘制中使用[12]。此外，许多文献也使用式（2-2）所示的函数形式来表示 $f(d)$。

虽然全向点光源在数学表达上非常简单，可以用来高效地计算三维场景的近似光照值。但现实中很少存在接近于全向点光源的真实光源，大多数真实光源的发光强度都有方向依赖性，即光源主要向某些方向发光，在其他方向上则无光照发出。例如，手电筒就主要向前面发光，在向后的方向上无光照发出。可以用聚光灯模型来描述这种发光强度具有方向依赖性的点光源。如图 2-11 所示，聚光灯点光源只向特定的方向空间发光，发射的所有光线构成一个圆锥，圆锥的中轴方向为 $\boldsymbol{s}$，锥顶半角为 θ_u。在 OpenGL 固定绘制管线中，聚光灯点光源向不同方向发射的光照强度定义为

$$I_l(\boldsymbol{L}) = \begin{cases} I_{l,\max}\cos^{n_e}\theta_s, & \theta_s \leqslant \theta_u \\ 0, & \theta_s > \theta_u \end{cases} \tag{2-31}$$

式中，n_e 用来控制聚光灯点光源的聚光程度；$I_{l,\max}$ 表示光源沿方向 $\boldsymbol{s}$ 的发光强度；$\boldsymbol{L}$ 表示发光方向。当 n_e 越大时，聚光灯点光源发出的光照越集中在靠近方向 $\boldsymbol{s}$ 的空间内。图 2-12 所示画面即为一个聚光灯点光源照射下的三维场景所产生的阴影和镜面反射效果，聚光灯发光强度的空间变化用式（2-31）来描述，该场景的地板材质既包含镜面反射分量也包含漫反射分量，在地板上可以清楚地看到兔子对象的镜像，在绘制该场景时，n_e 取值为 10，θ_u 取值为 18.2°。

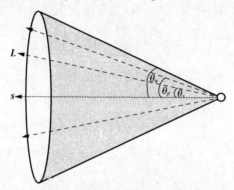

图 2-11　聚光灯点光源示意图

从图 2-12 可以发现，式（2-31）表示的聚光灯的发光方向存在突然截止；当发光方向与方向 $\boldsymbol{s}$ 的夹角大于 θ_u 时，发光强度突然变为 0。如果希望获得不存在上述突变的聚光灯点光源，可以用如下表达式来描述聚光灯发射的光照强度在方向空间中的变化[6]：

$$I_l(\boldsymbol{L}) = \begin{cases} I_{l,\max}, & \cos\theta_s \geqslant \cos\theta_p \\ I_{l,\max}\left(\dfrac{\cos\theta_s - \cos\theta_u}{\cos\theta_p - \cos\theta_u}\right)^{n_e}, & \cos\theta_u < \cos\theta_s < \cos\theta_p \\ 0, & \cos\theta_s \leqslant \cos\theta_u \end{cases} \tag{2-32}$$

式中，θ_p 为一个角度阈值，当 θ_s 大于 θ_p 时，点光源向特定方向发射的光照强度开始随 θ_s 的增加而减小。图 2-13 所示的画面为根据式（2-32）建模聚光灯点光源时的绘制结果，其中，θ_p 取值为 14.1°，θ_u 取值为 18.2°，n_e 取值为 1。从图 2-13 可以发现，聚光灯照射到地板上形成的光斑边缘存在明显的过渡带，从而消除了前述光源发射光照强度在空间方向上的突变问题。

图 2-12　基本聚光灯点光源照射下的　　　　图 2-13　渐变聚光灯点光源照射下的
　　　　　三维场景　　　　　　　　　　　　　　　　三维场景

2.3.2　方向性光源

在现实生活中，最常见的光源是太阳。在进行许多物理问题求解时，各种星休都可以被看成一个点。因此，从这个意义上说，太阳可以被近似为一个点光源。但是，由于太阳距离地球太远，到达地球的太阳光应该被看成沿特定方向传输的方向光，如图 2-14 所示，即不同空间位置处的入射光线方向相同，太阳属于方向性光源。方向性光源发出的光可以看成一束平行光，其入射到三维场景中的任何一个点的入射方向都相同。在真实感三维场景绘制算法中，方向性光源可以用颜色和发射方向两个参数来进行建模。在计算方向性光源对三维场景点的直接光照贡献时，只需考虑光源的颜色和发射方向两个参数，无需考虑光源的具体位置。

图 2-15 给出了方向性光源照射下的三维场景。可以发现，兔子的影子区域和非影子区域有非常明确的分界线。由于方向性光源只向一个方向发射光照，三维场景点只可能受到来自某一特定方向的光的照射，这使得场景中的阴影的边界非常清晰。

图 2-14　方向性光源示意图　　　　　　图 2-15　方向性光源照射下的三维场景

2.3.3　面光源

　　现实世界中的光源往往有一定的物理尺寸，基本上都不是理想的点光源。面光源是一种常见的光源类型。当一个面光源照射三维场景时，在场景中可能会形成边缘模糊的柔和阴影。图 2-16 为一个面光源照射下的三维场景画面，图 2-16（a）显示出一头牛及其在地板上的影子和镜像，图 2-16（b）是牛的影子的放大结果。从图 2-16（b）可以发现，从牛的影子区域到非影子区域是平滑过渡的，这种阴影就是柔和阴影。仔细观察图 2-12 和图 2-13 中的阴影可以发现，点光源照射下的三维场景的阴影区和非阴影区之间是突变的，不存在上述平滑过渡，即阴影区与非阴影区之间存在明确的分界线，这种阴影通常称为硬边阴影。

（a）　　　　　　　　　　　　　　　　（b）

图 2-16　面光源照射下的三维场景

　　图 2-17 给出了面光源照射下的三维场景的二维示意图，面光源发出的光被阴影投射对象遮挡，在阴影接收对象表面上形成阴影。从图 2-17 可以发现，点 *A* 和点 *B* 之间及点 *C* 和点 *D* 之间的阴影接收对象表面能够接收到面光源发出的部分光照，而点 *B* 和点 *C* 之间的阴影接收对象表面完全接收不到面光源发出的光照。通常把点 *A* 和点 *B* 之间及点 *C* 和点 *D* 之间的阴影称为半影，把点 *B* 和点 *C* 之间的阴影称为本影。从图 2-17 还可以发现，从面光源上不同的发光点入射到三维物体对象表面特定点上的光线的入射角是不同的，这是点光源所没有的问题。如果面光源对待着色点所张的立体角很小，则可以把面光源近似为一个点光源，而不会引入太大的误差。当面光源对待着色点所张立体角较大时，则必须对面光源上各点发出的光照进行积分，才能得到待着色点处比较精确的光照结果。图 2-18 给出了不同尺寸的面光源照射三维场景所产生的阴影效果，其中，图 2-18（a）的面光源非常小，图 2-18（b）的面光源相对较大。从图 2-18（a）可以发现，兔子的影子的边界轮廓非常清晰，和点光源照射形成的硬边阴影类似。从图 2-18（b）可以发现，当面光源尺寸增加时，兔子的影子的边界轮廓变得比较模糊（兔子耳朵影子部分），呈现出明显的柔和阴影特征。

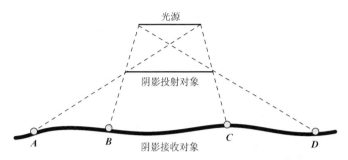

图 2-17　面光源照射下的三维场景的二维示意图

（a）　　　　　　　　　（b）

图 2-18　不同尺寸的面光源照射三维场景所产生的阴影

在真实感三维场景绘制中，经常用光源可见性来表征光源发出的光照是否能直接到达场景中的某个点。对于某个场景点来说，如果光源可见性为 0，表明光源发出的光完全无法到达该场景点。对于点光源照射下的三维场景来说，每个场景点对该点光源的可见性通常情况下要么为 0，要么为 1。点光源的可见性为 0 表示该点光源与场景点之间存在遮挡物体；点光源的可见性为 1 表示该点光源与场景点之间直接可视。对于面光源照射下的三维场景来说，由于存在光源对场景点部分可见的情形，场景点的光源可见性将不再是二值的 0 和 1，而可能取 0～1 的任意小数。注意，场景点的光源可见性受许多因素影响，既与光源尺寸有关，也与场景点离阴影投射体的远近有关。图 2-18（b）的兔子耳朵影子区域呈现出明显的柔和阴影特征，而兔子腿影子区域则呈现出明显的硬边阴影特征。产生这一现象的原因是，兔子耳朵影子区域的场景点离阴影投射体（兔子的耳朵）比较远，而兔子腿影子区域的场景点离阴影投射体（兔子的腿）比较近。在绘制三维场景时，可以用蒙特卡罗方法对面光源进行采样得到一系列采样点光源，据此用蒙特卡罗积分方法进一步估计面光源对场景点的直接光照贡献。

在真实感三维场景绘制中，和光源密切相关的一个话题就是阴影的绘制。如前面所述，用点光源和方向性光源照射三维场景都只会产生硬边阴影，而用面光源照射三维场景则可能产生柔和阴影。近年来，柔和阴影的绘制受到三维图形学界的广泛关注。具体的柔和阴影绘制算法需根据应用场合的不同而特别设计。对于实时交互式应用,通常使用阴影映射或者阴影体算法的扩展版本来绘制近似柔和阴影[13-17];对非交互式离线绘制应用,则可以使用对面光源进行采样的算法来生成物理正确的柔和阴影[18-23]。与阴影绘制相关的问题将在后续的章节中进行讨论。

参 考 文 献

[1] Parker S G, Bigler J, Dietrich A, et al. OptiX: a general purpose ray tracing engine. Proceedings of SIGGRAPH'10, Los Angeles, 2010: 66.

[2] 杨梦, 齐越, 沈旭昆, 等. 一种快速的三维扫描数据自动配准方法. 软件学报, 2010, 21(6): 1438-1450.

[3] 吴玉涵, 周明全. 三维扫描技术在文物保护中的应用. 计算机技术与发展, 2009, 19(9): 173-176.

[4] 杨红庄, 陆炎, 方清, 等. 全自动深度相机三维扫描系统. 计算机辅助设计与图形学学报, 2015, 27(11): 2039-2045.

[5] Hughes J F, Dam A V, McGuire M, et al. Computer Graphics: Principles and Practice. Upper Saddle River: Pearson Education, Inc., 2014.

[6] Akenine-Möller T, Haines E, Hoffman N. Real-Time Rendering. Wellesley: A K Peters, Ltd. 2008.

[7] Kurt M, Szirmay-Kalos L, Křivánek J. An anisotropic BRDF model for fitting and Monte Carlo rendering. ACM SIGGRAPH Computer Graphics, 2010, 44(1): 3.

[8] Jensen H W, Legakis J, Dorsey J. Rendering of Wet Materials. Proceedings of the Eurographics Workshop, Granada, 1999: 273-281.

[9] Heitz E. Understanding the masking-shadowing function in microfacet-based BRDFs. Journal of Computer Graphics Techniques, 2014, 3(2): 48-107.

[10] Bailey M, Cunningham S. Graphics Shaders: Theory and Practice (2rd edition). Boca Raton: CRC Press, 2012.

[11] NVIDIA Advanced Rendering Center. NVIDIA material definition language 1.1: technical introduction. 2014. http:// www. nvidia-arc.com/fileadmin/user_upload/iray_documentation/nvidia_mdl introduction. 140512.A4.pdf[2014-5-12].

[12] Barzel R. Lighting controls for computer cinematography. Journal of Graphics Tools, 1997, 2(1): 1-20.

[13] Agrawala M, Ramamoorthi R, Heirich A, et al. Efficient Image-Based Methods for Rendering Soft Shadows. Proceedings of the 27th annual conference on Computer graphics and interactive techniques, New Orleans, 2000: 375-384.

[14] Akenine-Möller T, Assarsson U. Approximate Soft Shadows on Arbitrary Surfaces Using Penumbra Wedges. Proceedings of thirteenth Eurographics Workshop on Rendering, Pisa, 2002: 297-306.

[15] Assarsson U, Akenine-Möller T. A geometry-based soft shadow volume algorithm using graphics hardware. ACM Transactions on Graphics, 2003, 22(3): 511-520.

[16] Hasenfratz J-M, Lapierre M, Holzschuch N, et al. A survey of real-time soft shadows algorithms. Computer Graphics Forum, 2004, 22(4): 753-774.

[17] Atty L, Holzschuch N, Lapierre M, et al. Soft shadow maps: efficient sampling of light source visibility. Computer Graphics Forum, 2006, 25(4): 725-741.

[18] 陈纯毅, 杨华民, 李文辉, 等. 基于环境遮挡掩码的物理正确柔和阴影绘制算法. 吉林大学学报(工学版), 2012, 42(4): 971-978.

[19] Clarberg P, Akenine-Möller T. Exploiting visibility correlation in direct illumination. Computer Graphics Forum, 2008, 27(4): 1125-1136.

[20] Shirley P, Wang C, Zimmerman K. Monte Carlo techniques for direct lighting calculations. ACM Transactions on Graphics, 1996, 15(1):1-36.

[21] Hart D, Dutré P, Greenberg D P. Direct Illumination with Lazy Visibility Evaluation. Proceedings of SIGGRAPH' 99, Los Angeles, 1999, 147-154.

[22] Shirley P, Wang C. Direct lighting calculation by Monte Carlo integration//Photorealistic Rendering in Computer Graphics. Berlin: Springer, 1994: 52-59.

[23] Veach E. Robust Monte Carlo methods for light transport simulation. Palo Alto: Ph. D dissertation of Stanford University, 1997.

第 3 章　光照传输与绘制方程

真实感三维场景绘制可以看做是把三维场景中的光照信息转换成计算机图像数据的过程。人眼之所以能够感知到周围世界中的各种物体，是因为从这些物体散射（或者主动发射）的光进入了人眼。正如前面的章节所述，要绘制出具有照片级真实感的三维场景画面，除了要建立具有物理真实度的三维几何及相应的材质模型外，还要求绘制算法必须能够正确地模拟各种光照传输过程。三维场景中任意一点向某个方向出射的光亮度可以用绘制方程来描述。本章将重点讨论三维场景中的光照传输和绘制方程。

3.1　光与物体之间的交互

光线在自由空间中可以看做是直线传播。当光线遇到三维场景中的几何物体后，光线会与物体进行交互，发生反射或者折射现象，从而改变光线的传播方向，使得光线传播路径不再是直线。在绘制算法中处理光线与物体之间发生的交互，关键是求解光线在物体表面上发生的反射和折射问题，以便确定经过交互后的光线传播路径变化。

3.1.1　反射

当光线传播到非透明物体表面上时，光线携带的能量可能一部分被吸收，另一部分被反射。当物体表面非常光滑时，光线在物体表面上发生镜面反射；当物体表面比较粗糙时，光线在物体表面上发生漫反射。只有理想镜面反射情形的反射光线方向才是唯一的。对于漫反射情形，在场景点法向量指向的正半空间中的各个方向上都可能有反射光。最简单的反射是镜面反射，其反射光线和入射光线在同一平面上，反射角等于入射角。如图 3-1 所示，L 表示与入射光线方向反向的单位向量，N 表示入射点所在位置的单位法向量，反射光线的方向向量 R 可以写为[1]

$$R = 2(N \cdot L)N - L \tag{3-1}$$

式（3-1）对光线跟踪、路径跟踪等算法非常重要。这些算法需要跟踪光线在三维场景中的传播，当光线与镜面反射对象相交时，要在交点位置处计算反射光线方向。由式（3-1）可知，只要给定 N 和 L，可以很容易计算出反射光线方向。

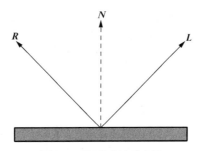

图 3-1　镜面反射示意图

3.1.2　折射

当光线传播到像玻璃杯那样的透明物体上时，除了会在物体表面上发生反射外，还可能发生折射而从物体透射过去。根据斯涅耳定律，光线的入射角和折射角满足以下关系[1]：

$$n_1 \sin \theta_1 = n_2 \sin \theta_2 \tag{3-2}$$

式中，n_1 是光线进入端的介质的折射率；n_2 是光线偏折端的介质的折射率；θ_1 是入射角；θ_2 是折射角。注意，入射光线、折射光线和物体表面法向量在同一个平面内。在三维场景绘制中，光线在空间中传播所经过的介质通常认为是空气，其折射率近似于 1，玻璃、水等透明介质的折射率则大于 1。图 3-2 所示为光线在透明物体表面的折射示意图，其中的折射光线的方向向量可以写为[1]

$$T = -N \sqrt{1 - \frac{n_1^2}{n_2^2} \sin^2 (\theta_1)} - \frac{n_1}{n_2} \left[L - (N \cdot L) N \right] \tag{3-3}$$

式中，L 表示与入射光线方向反向的单位向量；N 表示入射点所在位置的单位法向量。

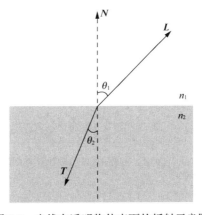

图 3-2　光线在透明物体表面的折射示意图

3.1.3　遮挡

当光线传播到不透明的物体上时，光线将不能再沿原来的方向传播，会在物体表面发生反射，从而改变传播方向。此时不透明物体就对光线传播产生了阻挡作用，三维场景中被该物体遮挡的区域中的场景点将不能接收到光线的照射。遮挡计算通常和光照计算耦合在一起，体现为对光源与场景点之间的可见性的判断。对于非理想镜面物体，光线入射到物体表面上后可能在各个方向上都有反射光。在光源的直接照射下，特定的场景点 $\boldsymbol{p}$ 处沿 $\boldsymbol{\omega}$ 方向的反射光亮度可以写为[2]

$$\hat{I}(\boldsymbol{p},\hat{\boldsymbol{\omega}}) = \int_{\varOmega_{\text{light}}} I(\boldsymbol{p},-\boldsymbol{\omega}) f_r(\boldsymbol{p},\boldsymbol{\omega},\hat{\boldsymbol{\omega}}) V(\boldsymbol{p},\boldsymbol{\omega})(\boldsymbol{\omega}\cdot\boldsymbol{N}_p)\mathrm{d}\boldsymbol{\omega} \tag{3-4}$$

式中，$\boldsymbol{\omega}$ 是与入射光反向的单位向量；$\boldsymbol{N}_p$ 表示入射点 $\boldsymbol{p}$ 处的单位法向量；$\hat{\boldsymbol{\omega}}$ 表示反射光方向；$I(\cdot)$ 表示直接来自光源的入射光亮度；$f_r(\cdot)$ 表示物体表面的双向反射分布函数；$V(\cdot)$ 表示点 $\boldsymbol{p}$ 处沿 $\boldsymbol{\omega}$ 方向的光源可见性（取值为 0 或者 1）；$\varOmega_{\text{light}}$ 为从场景点 $\boldsymbol{p}$ 指向光源上的所有点的方向构成的方向空间（图 3-3）。注意，式（3-4）用于计算来自光源的直接光照，未考虑间接光照贡献。物体对光线传播的遮挡完全由可见性函数 $V(\cdot)$ 来描述。光与几何物体之间的交互会产生复杂的光照效果，要绘制出这些效果，主要涉及乘、积分、函数卷积、线性与非线性变换等计算操作。对于面光源照射下的三维场景，可能面光源上的某些点发射的光照能够不被遮挡并入射到点 $\boldsymbol{p}$ 上，而另外一些点发射的光照则会被遮挡，而不能入射到点 $\boldsymbol{p}$ 上。对于实际三维场景，一般很难写出可见性函数 $V(\cdot)$ 的解析表达式，不少文献都使用蒙特卡罗方法来估计式（3-4）。如果把式（3-4）中的 $I(\cdot)$ 和 $(\boldsymbol{\omega}\cdot\boldsymbol{N}_p)$ 合并为一项，即令 $I'(\boldsymbol{p},-\boldsymbol{\omega}) = I(\boldsymbol{p},-\boldsymbol{\omega})(\boldsymbol{\omega}\cdot\boldsymbol{N}_p)$，可得

$$\hat{I}(\boldsymbol{p},\hat{\boldsymbol{\omega}}) = \int_{\varOmega_{\text{light}}} I'(\boldsymbol{p},-\boldsymbol{\omega}) f_r(\boldsymbol{p},\boldsymbol{\omega},\hat{\boldsymbol{\omega}}) V(\boldsymbol{p},\boldsymbol{\omega})\mathrm{d}\boldsymbol{\omega} \tag{3-5}$$

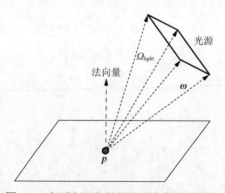

图 3-3　由面光源和场景点确定的方向空间

传统的用蒙特卡罗方法估计式（3-5）的公式可写为

$$\hat{I}(\boldsymbol{p},\hat{\boldsymbol{\omega}}) \approx \frac{1}{N}\sum_{i=1}^{N}\frac{I'(\boldsymbol{p},\boldsymbol{\omega}_i)f_r(\boldsymbol{p},\boldsymbol{\omega}_i,\hat{\boldsymbol{\omega}})V(\boldsymbol{p},\boldsymbol{\omega}_i)}{P_r(\boldsymbol{\omega}_i)} \tag{3-6}$$

式中，$\boldsymbol{\omega}_i$ 表示第 i 个方向采样；$P_r(\boldsymbol{\omega}_i)$ 表示方向采样 $\boldsymbol{\omega}_i$ 对应的概率密度。为了使基于蒙特卡罗的积分估计方法更有效，需要使 $P_r(\boldsymbol{\omega}_i)$ 和被积函数的形状非常类似，也就是说，当 $\boldsymbol{\omega}_i$ 变化时，若 $P_r(\boldsymbol{\omega}_i)$ 的值增大，被积函数的值也应增大；若 $P_r(\boldsymbol{\omega}_i)$ 的值减小，被积函数的值也应减小。在很多情况下，难以事先获得可见性函数 $V(\cdot)$ 的预估结果。因此，在实际中很难设计出满足上述要求的采样概率密度函数 $P_r(\boldsymbol{\omega}_i)$。在许多文献中，只考虑使采样概率密度函数 $P_r(\boldsymbol{\omega}_i)$ 的形状尽可能与 $f_r(\cdot)$ 相似。这当然会导致蒙特卡罗积分结果的误差增加。

Clarberg 和 Akenine-Möller[2]设计出一种利用可见性的空间相关性，根据邻近场景点的可见性估计给定场景点的可见性的方法，基于该方法，可利用控制变量技术来减小前述蒙特卡罗积分计算方差，相应的计算公式为[2]

$$\hat{I}(\boldsymbol{p},\hat{\boldsymbol{\omega}}) \approx \frac{1}{N}\left[\sum_{i=1}^{N}\frac{I'(\boldsymbol{p},\boldsymbol{\omega}_i)f_r(\boldsymbol{p},\boldsymbol{\omega}_i,\hat{\boldsymbol{\omega}})V(\boldsymbol{p},\boldsymbol{\omega}_i)}{P_r(\boldsymbol{\omega}_i)}\right.$$
$$\left.-\sum_{i=1}^{N}\frac{\alpha I'(\boldsymbol{p},\boldsymbol{\omega}_i)\tilde{f}_r(\boldsymbol{p},\boldsymbol{\omega}_i,\hat{\boldsymbol{\omega}})\tilde{V}(\boldsymbol{p},\boldsymbol{\omega}_i)}{P_r(\boldsymbol{\omega}_i)}\right]$$
$$+\alpha\int I'(\boldsymbol{p},\boldsymbol{\omega}_i)\tilde{f}_r(\boldsymbol{p},\boldsymbol{\omega}_i,\hat{\boldsymbol{\omega}})\tilde{V}(\boldsymbol{p},\boldsymbol{\omega}_i)\mathrm{d}\boldsymbol{\omega}_i \tag{3-7}$$

式中，α 为控制变量参数。该方法先从视点向可视场景区域内均匀地投射 N_s 条光线（例如 1000 条），对每条与三维场景相交的光线，在离视点最近的交点位置处创建一个可见性图，将其当成一条记录插入到可见性缓存中。每个可见性图用于对交点位置法向量指向的正半空间的可见性进行编码，可见性图只是低分辨率的黑白图。可见性缓存可以组织成中值平衡 KD-树结构。对于三维场景中的某点 $\boldsymbol{x}$，其可见性可以近似为[2]

$$\tilde{V}(\boldsymbol{x},\boldsymbol{\omega}) = \sum_{i=1}^{n}\beta_i\tilde{V}(\boldsymbol{x}_i,\boldsymbol{\omega}) \tag{3-8}$$

式中，点 $\boldsymbol{x}_i$ 为点 $\boldsymbol{x}$ 的相邻点；β_i 为权重系数；通常 n 取 3～4。点 $\boldsymbol{x}_i$ 处的近似可见性值可以从可见性缓存中搜索得到。为了得到 β_i，算法先在以 $d_{\max}$ 为半径的球空间内搜索 m 个表面朝向与点 $\boldsymbol{x}$ 所在表面朝向相似的可见性缓存记录（m 通常取值为 10～20），然后计算这 m 个记录对应的权重值[2]：

$$w_i = w_g\cdot\hat{w}(d,\theta) \tag{3-9}$$

式中，

$$\hat{w}(d,\theta) = \frac{w(d,\theta)-\underline{w}(d,\theta)}{1-\underline{w}(d,\theta)} \tag{3-10}$$

$$w(d,\theta) = \left(1 - \frac{\theta}{\pi}\right)\left(1 - \frac{d/d_{\max}}{1 + \lambda d/d_{\max}}\right) \tag{3-11}$$

$$w_g = \sqrt{1 - |N_x \cdot v|} \tag{3-12}$$

其中，$d = \|x - x_i\|$；v 为与向量 $(x_i - x)$ 同向的单位向量；N_x 表示点 x 所在位置的单位法向量；θ 为点 x 所在位置的法向量和点 x_i 所在位置的法向量之间的夹角；λ 是函数 $w(d,\theta)$ 的初始衰减陡峭度控制参数；$\underline{w}(d,\theta)$ 为 $w(d,\theta)$ 的下界。在计算出 m 个记录对应的权重值后，选择权重值最大的 n 个记录，把这 n 个记录的权重值分别赋给 $\beta_i(i=1,2,\cdots,n)$，然后对它们进行归一化，使得

$$\sum_{i=1}^{n} \beta_i = 1 \tag{3-13}$$

前面的 w_g 是一个几何因子，用于修正几何形状因素对权重的影响。如图 3-4 所示，由于点 x_i 和点 x 之间存在台阶，台阶会影响点 x 的可见性，用式（3-12）所示的几何因子可以实现对权值的修正。如果点 x 和点 x_i 在同一平面上，则 $w_g = 1$。

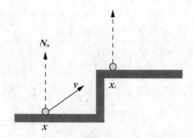

图 3-4　几何因子参数示意图

3.2　三维场景的绘制方程

3.2.1　通用绘制方程的导出

Kajiya[3]和 Immel 等[4]最早给出了三维场景的绘制方程。该方程在形式上和辐射度传输方程非常类似。许多计算机三维图形绘制文献对三维场景的绘制方程进行过详细论述，本节对此只进行简单介绍。首先假设三维场景中没有透明物体，所有物体都只对光产生反射作用。从三维场景中的点 p 处沿 ω_o 方向反射的光亮度可以写为如下形式[5]：

$$L(p,\omega_o) = \int_{S_+^2(p)} L(p,-\omega_i) f_r(p,\omega_i,\omega_o)(\omega_i \cdot N_p) d\omega_i \tag{3-14}$$

式中，$L(\boldsymbol{p},\boldsymbol{\omega})$ 表示场景点 $\boldsymbol{p}$ 处沿方向 $\boldsymbol{\omega}$ 传输的光亮度；$f_r(\boldsymbol{p},\boldsymbol{\omega}_i,\boldsymbol{\omega}_o)$ 表示双向反射分布函数；N_p 表示场景点 $\boldsymbol{p}$ 处的单位法向量；$S_+^2(\boldsymbol{p})$ 表示场景点 $\boldsymbol{p}$ 的法向量指向的正半方向空间（图 3-5）。场景点 $\boldsymbol{p}$ 的正半方向空间由所有满足 $\boldsymbol{\omega}_i \cdot N_p \geqslant 0$ 的方向 $\boldsymbol{\omega}_i$ 组成。如果点 $\boldsymbol{p}$ 在光源上，点 $\boldsymbol{p}$ 还要向外主动发射光照，此时在点 $\boldsymbol{p}$ 处沿 $\boldsymbol{\omega}_o$ 方向出射的光亮度应该写为[5]

$$L(\boldsymbol{p},\boldsymbol{\omega}_o) = L^e(\boldsymbol{p},\boldsymbol{\omega}_o) + \int_{S_+^2(\boldsymbol{p})} L(\boldsymbol{p},-\boldsymbol{\omega}_i) f_r(\boldsymbol{p},\boldsymbol{\omega}_i,\boldsymbol{\omega}_o)(\boldsymbol{\omega}_i \cdot N_p) \mathrm{d}\boldsymbol{\omega}_i \quad (3\text{-}15)$$

式中，$L^e(\boldsymbol{p},\boldsymbol{\omega}_o)$ 表示点 $\boldsymbol{p}$ 处沿 $\boldsymbol{\omega}_o$ 方向主动发射的光亮度。

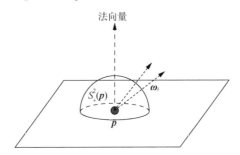

图 3-5　非透明反射表面场景点的正半方向空间示意图

式（3-15）是在三维场景中不包含透明几何物体条件下的绘制方程表达式。如果需要考虑三维场景中存在透明几何物体的情形，前述绘制方程表达式可以改写为[5]

$$L^{out}(\boldsymbol{p},\boldsymbol{\omega}_o) = L^e(\boldsymbol{p},\boldsymbol{\omega}_o) + \int_{\boldsymbol{\omega}_i \in S^2(\boldsymbol{p})} L^{in}(\boldsymbol{p},-\boldsymbol{\omega}_i) f_s(\boldsymbol{p},\boldsymbol{\omega}_i,\boldsymbol{\omega}_o)|\boldsymbol{\omega}_i \cdot N_p| \mathrm{d}\boldsymbol{\omega}_i \quad (3\text{-}16)$$

式中，$S^2(\boldsymbol{p})$ 表示场景点 $\boldsymbol{p}$ 的全周方向空间（如图 3-6 所示）；$L^{in}(\boldsymbol{p},\boldsymbol{\omega})$ 表示从方向 $\boldsymbol{\omega}$ 到达点 $\boldsymbol{p}$ 的光亮度；$L^{out}(\boldsymbol{p},\boldsymbol{\omega})$ 表示从方向 $\boldsymbol{\omega}$ 离开点 $\boldsymbol{p}$ 的光亮度；$f_s(\boldsymbol{p},\boldsymbol{\omega}_i,\boldsymbol{\omega}_o)$ 表示点 $\boldsymbol{p}$ 处的双向散射分布函数。在真实感三维场景绘制中，在许多情况下会遇到冲激型散射[5]，即从某一方向入射到物体表面的光只沿某一方向或者两个方向散射。例如，在半透明光滑表面上发生的镜面反射和斯涅耳折射就属于这种情况。如果要用式（3-16）来建模冲激型散射，则双向散射分布函数应当表示为狄拉克 δ 函数形式。在数值计算中表示狄拉克 δ 函数往往存在困难，因此，在实际绘制算法设计中，都把冲激型散射作为一种特殊情况进行单独处理。

在现实生活中，可以使用照相机来拍摄一幅画面，其会对到达图像传感器的光进行测量，并输出数字化的测量结果。在真实感三维场景绘制中，也需要将进入虚拟相机的光亮度转化成数字化的测量结果。可以用如下测量方程来实现这一目的[5]：

$$m_{ij} = \int_{S_+^2(\boldsymbol{p})} \int_{S_{ij}} M_{ij}(\boldsymbol{p},-\boldsymbol{\omega}) L^{in}(\boldsymbol{p},-\boldsymbol{\omega})|\boldsymbol{\omega} \cdot N_p| \mathrm{d}\boldsymbol{p}\mathrm{d}\boldsymbol{\omega} \quad (3\text{-}17)$$

式中，$M_{ij}(p,\omega)$ 表示第 i 行、第 j 列像素的响应函数；p 表示成像平面上的一点；ω 表示入射光线的单位方向向量；S_{ij} 表示第 i 行、第 j 列像素在成像平面上所占据的区域；$S_+^2(p)$ 表示点 p 的正半方向空间；N_p 表示成像平面在世界坐标系中的单位法向量。从式（3-17）可以看出，因为 $M_{ij}(p,\omega)$ 是 p 和 ω 的函数，光线到达像素探测面的方向和光线入射到像素探测区域的具体位置对最终的测量结果都有影响。在三维场景绘制中，经常假设虚拟相机是针孔摄像机，此时可以认为只有沿某一特定方向入射的光才能进入相机，因此，像素的测量结果将不再依赖于光线的入射方向。

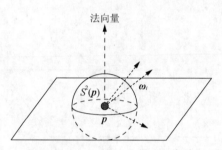

图 3-6　透明几何对象表面场景点的全周方向空间示意图

3.2.2　绘制方程的近似求解

从本质上说，只要能根据绘制方程求出三维场景中各几何对象上任意一点、沿任意方向的出射光亮度，就能够很容易地根据式（3-17）得到虚拟成像平面上的每个像素的光亮度测量结果。然而，对于各种实际三维场景，精确地求解绘制方程存在很大的困难，现有文献基本上都使用各种近似求解方法。可以把 $L(p,\omega)$ 称为光亮度场，其表示三维场景中在点 p 处沿 ω 方向的出射光亮度，p 为三维场景几何对象表面上的点。注意，对于存在透明几何物体的三维场景，三维场景点的法向量决定了入射到该点的光是从介质分界面的哪端入射（场景点的法向量定义了面片的向外方向）。如图 3-7 所示，入射光线在玻璃-空气交界面上发生折射，就一个给定的场景点而言，光线是从玻璃介质进入空气介质，还是从空气介质进入玻璃介质，取决于场景点的法向量与入射光线的空间方向关系。因此，严格地说，光亮度场函数还应该把场景点的法向量作为参数。但是对于不存在光透射的三维场景，使用不包含场景点法向量的光亮度场函数并不会导致歧义。

实际上，通过绘制方程可以确定一个从二元组集合 $\{(p,\omega)\}$ 到实数集合 $\{L\}$ 的映射，即给定一个场景点 p 和方向 ω，就可以得到相应的出射光亮度值 L。在场景点 p 处沿方向 ω 出射的光亮度可以分为两部分，一部分是点 p 主动向 ω 方向发射的光亮度，另一部分是入射到点 p 的光照在点 p 处发生散射后再沿 ω 方向出射

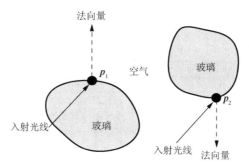

图 3-7　透明几何对象上的场景点及其法向量

的光亮度。基于这一思想，可以用如下方程来描述光亮度场[5]：

$$L(p,\omega) = E(p,\omega) + \mathcal{T}(L)(p,\omega) \tag{3-18}$$

式中，$\mathcal{T}$ 表示对光亮度场的散射变换算符；$E(p,\omega)$ 表示场景点主动发射的光亮度。只有场景点在光源上时，$E(p,\omega)$ 的值才大于 0，否则 $E(p,\omega)$ 等于 0。算符 $\mathcal{T}$ 可以表示为[5]

$$\mathcal{T}(L)(p,\omega_o) = \int_{\omega_i \in S_+^2(p)} L(p,-\omega_i) f_r(p,\omega_i,\omega_o)(\omega_i \cdot N_p) \mathrm{d}\omega_i \tag{3-19}$$

式中，$S_+^2(p)$ 表示图 3-5 所示的正半方向空间，N_p 是场景点 p 的法向量。在图 3-5 所示的正半方向空间中，实际上只需用两个分量就可以表示一个方向（即方位角和极角）。因此，光亮度场可看成是一个五维函数。

式（3-18）可以进一步改写为[5]

$$(\mathcal{I} - \mathcal{T})(L)(p,\omega) = L^e(p,\omega) \tag{3-20}$$

式中，$\mathcal{I}$ 表示单位算符，其对光亮度场不做任何改变；$L^e(p,\omega)$ 表示点 p 处沿 ω 方向主动发射的光亮度[5]。

求解式（3-20）并不是一件容易的事。通常都需要先进行特定的假设，然后再设计式（3-20）的近似求解方法。假设三维场景中的所有几何对象表面都是郎伯漫反射表面，同时假设所有光源都是郎伯光发射器（向各个方向发射的光亮度相同），Appel 用光能辐射度方法得到了绘制方程的近似解[6]，在此基础上可以比较容易地绘制出颜色渗透效果。辐射度方法首先需要对三维场景进行离散化，把三维场景的所有几何对象表面划分成一系列小面片，小面片上各点的法向量和光能辐射量近似相同。对于面片 i 和面片 j，假设面片 i 上的任意点 p 和点 p'、面片 j 上的任意点 q 和 q'、面片 i 的法向量 N_i、面片 j 的法向量 N_j 满足如下关系[5]：①$\|p-q\|$ 和 $\|p'-q'\|$ 近似于 $\|C_i-C_j\|$，C_i 和 C_j 分别表示面片 i 和面片 j 的中心点；②$N_j \cdot (p-q) \approx N_j \cdot (p'-q')$；③如果 $N_j \cdot N_i < 0$，则面片 i 和面片 j 上的任意两点都直接可视。在上述假设条件下，可以写出三维场景的辐射度方程[5]：

$$B_j = E_j + \rho_j \sum_k F_{jk} B_k \tag{3-21}$$

$$F_{jk} = \frac{1}{\pi} \int_{\omega_i \in \Omega_{jk}} (\boldsymbol{\omega}_i \cdot \boldsymbol{N}_j) \mathrm{d}\boldsymbol{\omega}_i \tag{3-22}$$

式中，B_j 为单位面积内离开面片 j 的辐射能总速率；E_j 为单位面积内从面片 j 发出的能量的速率；Ω_{jk} 表示面片 k 对面片 j 上的点 $\boldsymbol{p}$ 所张成的立体角方向空间；$\boldsymbol{N}_j$ 表示面片 j 的法向量；ρ_j 表示面片 j 的反射率；B_k 为单位面积内离开面片 k 的辐射能总速率；F_{jk} 被称为面片 j 和面片 k 之间的形状因子。由于划分三维场景得到的各个小面片可近似为平面，所以可以认为所有从面片 k 发射向面片 j 的光线的方向相同。基于此认识，式（3-22）可以进一步简化为[5]

$$F_{jk} = \frac{1}{\pi} \left(\int_{\omega_i \in \Omega_{jk}} \mathrm{d}\boldsymbol{\omega}_i \right) \boldsymbol{v}_{jk} \cdot \boldsymbol{N}_j \tag{3-23}$$

$$\boldsymbol{v}_{jk} = \frac{\boldsymbol{C}_k - \boldsymbol{C}_j}{\|\boldsymbol{C}_k - \boldsymbol{C}_j\|} \tag{3-24}$$

式中，$\boldsymbol{C}_k$ 是面片 k 的中心点。由于只要面片 j 和面片 k 的法向量的内积小于 0，两个片面上的点就相互直接可视，式（3-23）可以进一步写为[5]

$$F_{jk} = \frac{1}{\pi} \frac{A_k}{\|\boldsymbol{C}_j - \boldsymbol{C}_k\|^2} |\boldsymbol{v}_{jk} \cdot \boldsymbol{N}_j| \cdot |\boldsymbol{v}_{jk} \cdot \boldsymbol{N}_k| \tag{3-25}$$

式（3-21）可以写成如下矩阵形式[7]：

$$\begin{bmatrix} 1 - \rho_1 F_{11} & -\rho_1 F_{12} & \cdots & -\rho_1 F_{1n} \\ -\rho_2 F_{21} & 1 - \rho_2 F_{22} & \cdots & -\rho_2 F_{2n} \\ \vdots & & & \vdots \\ -\rho_n F_{n1} & -\rho_n F_{n2} & \cdots & 1 - \rho_n F_{nn} \end{bmatrix} \begin{bmatrix} B_1 \\ B_2 \\ \vdots \\ B_n \end{bmatrix} = \begin{bmatrix} E_1 \\ E_2 \\ \vdots \\ E_n \end{bmatrix} \tag{3-26}$$

式（3-26）假设三维场景被划分成 n 个面片。从理论上说，可以用矩阵求逆法来求式（3-26）的解。然而，矩阵求逆法的计算效率不高，在实际中，经常用其他高效的数值计算方法来求式（3-26）的解。辐射度算法要求在绘制场景前事先计算出形状因子矩阵。当三维场景的光源参数发生变化时，可以利用事先计算出的形状因子矩阵重新计算各个面片的辐射能总速率。在计算出所有面片的辐射能总速率后，可以利用光栅化方法，基于各面片的中心点插值计算得到每个像素对应的亮度值。

对于实际的三维场景，可以假设[5]

$$(\mathcal{I} - \mathcal{T})^{-1} = \mathcal{I} + \mathcal{T} + \mathcal{T}^2 + \cdots \tag{3-27}$$

式中，$(\mathcal{I} - \mathcal{T})^{-1}$ 表示算符 $(\mathcal{I} - \mathcal{T})$ 的逆。用式（3-27）乘以式（3-20）等号两端的表达式可得

$$L(\boldsymbol{p},\boldsymbol{\omega}) = (\mathcal{I} - \mathcal{T})^{-1}(L^e)(\boldsymbol{p},\boldsymbol{\omega})$$
$$= \mathcal{I}(L^e)(\boldsymbol{p},\boldsymbol{\omega}) + \mathcal{T}(L^e)(\boldsymbol{p},\boldsymbol{\omega}) + \mathcal{T}^2(L^e)(\boldsymbol{p},\boldsymbol{\omega}) + \cdots \quad (3\text{-}28)$$

式（3-28）具有明确的物理意义，其表明三维场景的光亮度场等于光源直接发出的光的贡献、光源发出的光经一次散射后的光的贡献、光源发出的光经二次散射后的光的贡献及光源发出的光经多次散射后的光的贡献之和。很明显，对于实际三维场景：当 $k \to \infty$ 时，$\mathcal{T}^k(L^e)(\boldsymbol{p},\boldsymbol{\omega}) \to 0$。

　　除了前面提到的光能辐射度算法外，人们还提出了其他算法来近似求解绘制方程，例如，光线跟踪[5,8]、路径跟踪[9,10]、光子映射[11,12]等。下面简要地介绍一下这些算法，并讨论它们之间的主要区别，在后续章节中还要对它们进行更详细的讨论。根据 Kajiya 提出的光线跟踪流程，光线跟踪算法在相机光线及其递归光线与场景对象的每一个交点处都可进一步产生 n 条递归光线，直到递归结束为止，最终形成一棵光线树，树中每个内部结点的出度都可能大于 1。另外，每个相机像素可能会产生多条相机光线，因此，与每个像素关联的所有光线可能构成一个森林。最基本的光线跟踪算法只在光线发生镜面反（折）射的条件下才产生递归光线，此时只在确定方向上产生递归光线。基本光线跟踪算法是确定的，其不含随机性。路径跟踪算法在相机光线及其递归光线与场景对象的每一个交点处都只进一步产生 1 条递归光线，最终形成的光线树的每个内部结点的出度都为 1。在路径跟踪算法中，一般需从每个像素发射多条相机光线，因此，与每个像素关联的所有光线构成一个森林。路径跟踪算法的关键特征在于，每条递归光线的方向是根据一定的概率分布产生的，而基本光线跟踪算法则根据镜面反（折）射方向来确定。路径跟踪算法的随机性使其生成的图像画面会包含随机噪声。与基本光线跟踪算法相比，路径跟踪算法避免了过剩的递归光线跟踪操作，在这方面节省的时间可以用来实现对每个像素的多条路径跟踪采样。虽然路径跟踪算法在理论上具有很好的性能，但它要求预先指定接受概率和光线采样策略，如果这两个参数选得不恰当，路径跟踪算法的计算结果的方差会很大。路径跟踪算法难以处理点光源和冲激型散射（例如镜面反射）情形，因为在光线采样时，能随机选择到正确的光线方向的概率趋近于 0。就最终的绘制结果而言，虽然基本光线跟踪算法生成的图像画面在严格意义上是存在错误的，但看起来比较舒适，而路径跟踪算法生成的图像虽然在统计意义上是正确的，但生成的单幅图像画面会存在明显的噪声。对路径跟踪算法进行扩展可以得到双向路径跟踪算法，其采用路径跟踪的思想，从视点出发生成一个光线森林，从光源出发生成另一个光线森林，根据这两个森林的内部结点集合，产生拼接光线段集合，只要一个拼接光线段不受其他物体遮挡，就计算其对应的光照贡献。与双向路径跟踪算法相比，光子映射算法对基于光源生成的光线森林的处理方式不同。光子映射算法根据基于光源生成的光线森林的所有结点位置（除光源位置外）的光照值，估计场景中任意位置的光照值。通过收集视点光线森林的所有结点位置的光照值可得到从视点光线森林（基于视点生成的光线森林）的每条路径传播到视点的光照值。视点光线森林的每个结点位置的光照值则根据基于光源生成的光线森林的结点位置的光照值插值得到。光子映射算法包含以下缺点：①光子映射是统计有偏的；②在硬阴影边缘区域，如果相邻点的入射光亮度变化很大，会明显影响出射光亮度的插值精度；一般光子图中只存放第二次及以上的散射结果，直接光照用光线投射算法计算；③依据空间相邻而法向不同的点进行出射光亮度插值会引入显著的误差；④当待执行出射光亮度插值运算的点移动时，有可能一个光子被移除插值内核区域，同时另一个光子却进入插值内核区域，如果这两个光子携带的能量的 RGB 分量存在显著差异，则会出现明显的前后帧画面闪烁。光子映射算法和光线跟踪算法相比的一个重要区别是光子映射算法绘制不出镜面反（折）射效果，而光线跟踪算法却能绘制出镜面反（折）射效果。其中的原因是，光子映射算法的光照传输路径的最后一段，即相机直接可见的点的双向散射分布函数不能是镜面反（折）射材质。光子映射算法实现了可见性计算和光照计算的解耦，在光子跟踪时并不需要进行可见性计算。

近年来，也有不少学者提出基于虚拟点光源的思想来近似求解绘制方程[13-16]。对基于虚拟点光源的绘制算法而言，需要产生大量的虚拟点光源来模拟间接光照。在计算间接光照时，使用所有虚拟点光源照射三维场景，同时考虑各虚拟点光源对待绘制点的可见性。由于对每个虚拟点光源都进行可见性计算，算法的时间复杂度很高。假设场景中有 n 个点光源，有 m 个待绘制点，在理想情况下，对每个场景点都需要累加所有点光源的光照贡献，此时的算法复杂度为 $O(mn)$。通常情况下，待绘制点的数目等于最终图像的像素个数，而要得到比较逼真的间接光照结果，点光源的数目也比较大。因此，上述理想计算方法的效率太低。Hašan 等[14]提出矩阵行-列采样算法，用来快速近似计算在 n 个点光源照射下的 m 个场景点的光照值，该算法可以在选择少量虚拟点光源的情况下，绘制出比较逼真的间接光照效果。基于多虚拟点光源的间接光照绘制结果并非物理上正确的，因为虚拟点光源为漫射类型光源，在其位置处不能产生光滑反射效果，同时虚拟点光源的光照贡献需要被限幅，这可能人为地减小光滑反射面的反射光照贡献大小。光子映射算法中的光子和虚拟点光源在概念上非常类似，然而两者也有明显的区别。光子映射算法中的光子表示的是入射到场景对象表面点的光照，虚拟点光源表示从场景对象表面点向外反射出的光照。因此，光子映射算法中的光子只对其邻近的场景点产生光照贡献，而虚拟点光源则对整个场景都可能产生光照贡献。光子映射算法允许大量的光子采样,而虚拟点光源则只能支持少量的虚拟点光源采样。所以,光子映射算法相比于虚拟点光源算法,更适合用于绘制焦散。

　　Dachsbacher 和 Stamminger 提出了反射阴影图算法[17,18],其只计算单次反射产生的间接光照。实际上,反射阴影图算法可以看做是对绘制方程的一种重新表述,它将包含复杂积分的绘制方程表述成对反射阴影图纹元(看成虚拟点光源)的求和操作。提高反射阴影图算法效率的关键是,减小这种求和操作的开销。传统上,反射阴影图算法要么只从一部分虚拟点光源聚集光照,要么只将虚拟点光源的光照溅射到有限的像素区域(而非整个屏幕像素区)。这两种方式只处理一部分虚拟点光源或者像素,以提高算法效率。使用溅射方式,可使反射阴影图算法支持光滑材质和焦散。Nichols 和 Wyman 提出使用自适应多分辨率溅射来计算间接光照[19],其核心思想如下:考虑到每个虚拟点光源潜在地对整个场景都有间接光照贡献,只是由于间接光照的低频特性,使得相邻像素的间接光照非常相似,相邻像素可以作为一组进行处理。该算法将具有相似间接光照的像素区域称为一个子溅射区域,当将一个虚拟点光源产生的光照溅射到多分辨率像素缓存中时,一个子溅射区域被当做一个单独的片段,其与多分辨率像素缓存的一个特定层次相对应。

3.3　光照传播路径的分类

　　在真实感三维场景绘制中,往往要求绘制算法既能计算出从光源直接照射到待绘制点的直接光照值,又能计算出从光源照射到三维场景的其他物体上,再经若干次反射或透射最终入射到待绘制点上的间接光照值。通常将只计算直接光照值的光照模型称为局部光照模型,将同时计算直接光照值和间接光照值的光照模型称为全局光照模型。如图 3-8 所示,从光源 L 处发射的光线,可以经过多条不同的路径进入视点 E,从折线段 LGE 表示的光线传播路径进入视点 E 的光照即为直接光照,从折线段 $LABCE$ 和折线段 $LDFE$ 表示的光线传播路径进入视点的光照即为间接光照。图 3-8 中只给出了光线发生反射的情形,如果三维场景中存在透明或者半透明的物体对象,光线入射到这些物体对象上时,可以发生折射(即从物体透射过去),最终也可能进入视点。不管光线是发生反射还是折射,从传播路径上看,光线都是经过一条折线段进入视点的,因此,可以通过这些折线段来描述光线的不同传播路径类型。

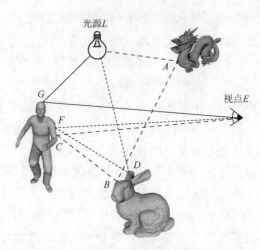

图 3-8　　三维场景中的光线传播路径示意图

　　Heckbert 给出了一种描述光线的各种不同传播路径类型的标记方式[20]，其用 L 表示光源，用 E 表示视点，在光线从光源 L 出发到最终进入视点 E 的过程中，与三维场景的每次反射（或者折射）交互都被标记为漫射 D（diffuse）、镜面 S（specular）、光滑 G（glossy）三种类型。这里的 diffuse 表示光线在物体对象表面上发生漫射；specular 表示光线在物体对象表面上发射镜面反（或折）射；glossy 表示光线与物体对象表面之间的交互介于漫射和镜面反（或折）射之间，既非完全漫射，也非完全镜面反（或折）射。实际上，真实世界中的光滑物体对象多数都为 glossy 类型。基于上述定义，Heckbert 给出了光线传播路径的正则表达式描述方法，如表 3-1 所示。Veach 对 Heckbert 的标记方式进行了扩展[21]，增加了透射标志 T，用来表示光线在物体对象表面上发生透射。

表 3-1　　光线传播路径的正则表达式描述方法

算子	描述	例子	说明
*	0 次或者多次	S^*	0 次或者多次镜面反（或折）射
+	1 次或者多次	D^+	1 次或者多次漫射
?	0 次或者 1 次	$S?$	0 次或者 1 次镜面反（或折）射
|	或者	$D\|SS$	1 次漫射或者 2 次镜面反（或折）射
（）	组合	$(D\|S)^*$	0 次或者多次漫射或者镜面反（或折）射

　　不同的三维场景绘制算法可以处理不同的光线传播路径。常见的 Z-buffer 算法[22]可以处理 $L(D|S|G)E$ 类型光线传播路径，即光线从光源出发，经过一次与物体对象表面之间的反射交互后进入视点。不同的光线传播路径往往产生不同的视觉效果。例如，经 LSE 路径进入视点的光线产生镜面反射特有的高亮效果，经 LS^+DE 路径进入视点的光线产生散焦（caustics）效果，如图 3-9 所示。此外，在

图 3-10 所示的三维场景中，球和四周的表面都是漫反射表面，来自光源的光被球反射后入射到位于球上方的表面上并再次反射进入视点，这是典型的 $LDDE$ 光线传播路径，可以形成颜色渗透（color bleeding）效果。一个能够完全计算三维场景所有全局光照效果的绘制算法必须能处理所有 $L(D|S|G)^*E$ 类型的光线传播路径。现有文献中的许多绘制算法可以用前述光线传播路径的正则表达式来描述[5]：光线投射算法可表示为 $L(D|G)E$；Whitted 递归光线跟踪算法可表示为 $L(D|G)S^*E$；Kajiya 路径跟踪算法可表示为 $L(D|G)(D|G|S)^+E$；光能辐射度算法可表示为 LD^*E。从上述光线传播路径的正则表达式可以看出，光线投射算法只计算直接光照，Whitted 递归光线跟踪算法计算光源发出的光经漫反射或者镜面反（折）射表面反（折）射后直接进入视点或者再经若干次镜面反（折）射后进入视点的光照，光能辐射度算法则考虑光源发出的光经漫反射表面反射后进入视点的光照。

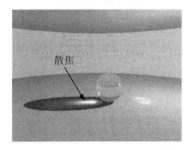
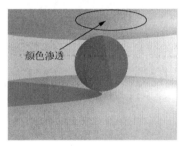

图 3-9　经 LS^+DE 路径进入视点的光线产生的　　　　图 3-10　三维场景中的颜色渗透效果
　　　　　焦散效果　　　　　　　　　　　　　　　　　　　　　（见书后彩版）

参 考 文 献

[1] Lengyel E. Mathematics for 3D Game Programming and Computer Graphics. Boston: Course Technology, 2012.

[2] Clarberg P, Akenine-Möller T. Exploiting visibility correlation in direct illumination. Computer Graphics Forum, 2008, 27(27): 1125-1136.

[3] Kajiya J T. The Rendering Equation. Proceedings of the 13th Annual Conference on Computer Graphics and Interactive Techniques, Los Angeles, 1986: 143-150.

[4] Immel D S, Cohen M F, Greenberg D P. A radiosity method for non-diffuse environments. ACM SIGGRAPH Computer Graphics, 1986, 20(4): 133-142.

[5] Hughes J F, Dam A V, McGuire M, et al. Computer Graphics: Principles and Practice. Upper Saddle River: Pearson Education, Inc., 2014.

[6] Appel A. Some Techniques for Shading Machine Renderings of Solids. Proceedings of the Spring Joint Computer Conference, Atlantic City, 1968: 37-45.

[7] Donald Hearn, M. Pauline Baker. 计算机图形学. 第三版. 蔡士杰，宋继强，蔡敏译. 北京：电子工业出版社, 2010.

[8] Wald I, Mark W R, Günther J, et al. State of the art in ray tracing animated scenes. Computer Graphics Forum, 2009, 28(6): 1691-1722.

[9]　Tokuyoshi Y, Ogaki S. Real-Time Bidirectional Path Tracing Via Rasterization. Proceedings of the ACM SIGGRAPH Symposium on Interactive 3D Graphics and Games, Costa Mesa, 2012: 183-190.

[10]　Xu K, Cao Y, Ma L, et al. A practical algorithm for rendering interreflections with all-frequency BRDFs. ACM Transactions on Graphics, 2014, 33(1): 10.

[11]　Fabianowski B, Dingliana J. Interactive global photon mapping. Computer Graphics Forum, 2009, 28(4): 1151-1159.

[12]　Weiss M, Grosch T. Stochastic progressive photon mapping for dynamic scenes. Computer Graphics Forum, 2012, 31(2): 719-726.

[13]　Laine S, Saransaari H, Kontkanen J, et al. Incremental Instant Radiosity for Real-Time Indirect Illumination. Proceedings of Eurographics Symposium on Rendering, Grenoble, Washington, 2007: 277-286.

[14]　Hašan M, Pellacini F, Bala K. Matrix row-column sampling for the many-light problem. ACM Transactions on Graphics, 2007, 26(3): 26.

[15]　Hašan M, Křivánek J, Walter B. Virtual spherical lights for many-light rendering of glossy scenes. ACM Transactions on Graphics. 2014, 28(5): 89-97.

[16]　陈纯毅, 杨华民, 李文辉, 等. 基于帧间虚拟点光源重用的动态场景间接光照近似求解算法. 吉林大学学报(工学版), 2013, 43(5): 1352-1358.

[17]　Dachsbacher C, Stamminger M. Reflective Shadow Maps. Proceedings of the 2005 Symposium on Interactive 3D Graphics and Games, Washington, 2005: 203-231.

[18]　Dachsbacher C, Stamminger M. Splatting Indirect Illumination. Proceedings of the 2006 Symposium on Interactive 3D Graphics and Games, Redwood City, 2006: 93-100.

[19]　Nichols G, Wyman C. Interactive indirect illumination using adaptive multiresolution splatting. IEEE Transactions on Visualization and Computer Graphics, 2010, 16(5): 729-741.

[20]　Heckbert P S. Adaptive radiosity textures for bidirectional ray tracing. ACM SIGGRAPH Computer Graphics, 1990, 24(4):145-154.

[21]　Veach E. Robust Monte Carlo methods for light transport simulation. Palo Alto: Ph. D dissertation of Stanford University, 1997.

[22]　Akenine-Möller T, Haines E, Hoffman N. Real-Time Rendering. Wellesley: A K Peters, Ltd., 2008.

第4章　面光源可见性计算与柔和阴影绘制

第2章在讨论面光源时曾简要地介绍过三维场景的阴影投射问题。三维场景中的阴影有助于观察者理解不同三维对象之间的空间位置关系，能够显著地增强三维场景画面的真实感。不少学者曾设计各种心理学实验来研究阴影对感知三维场景物体对象的影响，发现阴影能帮助人们理解遮挡体的位置、几何形状、大小以及阴影接收体的几何形状[1]。因此，正确地绘制三维场景阴影是真实感三维场景绘制技术的关键。本章将重点讨论三维场景柔和阴影绘制问题。

4.1　硬边阴影与柔和阴影

在许多实时交互式三维图形应用中，为了提高场景绘制速度，经常把光源建模为点光源或者方向性光源，三维场景中的每个点要么被光源照射，要么处于阴影之中，绘制出的场景画面的阴影区域和非阴影区域之间具有清晰的边界，这种阴影就是第2章所述的硬边阴影。现实世界中的绝大多数人造光源都不是简单的点光源或者方向性光源，所以硬边阴影与现实环境中的阴影在视觉特征上差异较大。在动画电影渲染、影视特效制作、三维艺术设计等应用领域，为了提高三维场景绘制画面的视觉真实感，往往需要使用更加复杂的光源模型来描述三维场景中的光源。面光源是现实世界中最常见的光源类型之一。当使用面光源照射三维场景时，通常都呈现出阴影区域与非阴影区域之间平滑过渡的视觉特征，即阴影区域没有清晰的边界。这种边界模糊的阴影就是第2章所述的柔和阴影[2,3]。当人们环顾自身所处的环境时，可以发现绝大多数阴影都表现为柔和阴影，因此，柔和阴影是真实感三维场景画面的一个重要视觉特征。虽然相比于硬边阴影，绘制柔和阴影的时间开销更大，但是呈现出柔和阴影特征的三维场景画面的视觉真实感也强于呈现硬边阴影的三维场景画面。如何以更快的速度绘制出在视觉上更真实的柔和阴影一直是三维图形绘制领域的一个研究焦点。

从理论上讲，通过对面光源进行采样，生成一组光源采样点，并把它们当成独立的点光源，利用基于点光源模型的阴影绘制算法就能绘制出柔和阴影效果。但是这种方法在应用于实际中时的计算效率往往非常低。从本质上说，三维场景的阴影绘制操作可以被包含在绘制方程的求解过程中。对三维场景中的某点 p，如果面光源发出的光线在到达点 p 之前被某个几何对象遮挡，则点 p 将处于该几何对象投射的阴影之中。通常将点 p 称为阴影接收器，将遮挡光线的几何对象称为阴影投射器。当照射三维场景的光源不是点光源时，为了方便描述，通常可以把阴影区域分成本影和半影两部分，其中，半影对应从阴影区域到非阴影区域的过渡区。对于三维场景中的一点 p、面光源 L、场景几何对象集合 S，如果满足如下条件，则点 p 处于阴影之中[4]：

$$O_L(p) = \{q \in L \,|\, (p,q) \bigcap H_+(p) \bigcap S \neq \Phi\} \neq \Phi \tag{4-1}$$

式中，q 为面光源 L 上的一点（上式中的 L 表示面光源上所有点构成的集合）；(p, q) 表示连接点 p 和点 q 而成的线段；$H_+(p)$ 表示点 p 的法向量指向的正半空间；Φ 表示空集。如果 $O_L(p) = L$，则点 p 位于本影之中，否则点 p 位于半影之中或者能被光源完全照射。为了形式化地表达阴影对三维场景绘制结果的影响，可以用如下绘制方程来表示点 p 在方向 ω 上的出射光亮度[4]：

$$L_o(p,\omega) = L_e(p,\omega) + \int_{H_+(p)} f_r(p,\omega,\hat{\omega}) L_i(p,\hat{\omega})(\hat{\omega} \cdot n_p) \mathrm{d}\hat{\omega} \tag{4-2}$$

式中，n_p 表示点 p 的单位法向量；ω 表示出射方向的单位方向向量；$L_e(p,\omega)$ 表示面发光亮度；$f_r(p,\omega,\hat{\omega})$ 为物体表面的双向反射分布函数；$L_i(p,\hat{\omega})$ 为入射光亮度；$\hat{\omega}$ 为与入射方向反向的单位向量。如果将三维场景中的所有物体投影到以点 p 为中心的单位球面 S_p 上，则式（4-2）可以改写为[4]

$$L_o(p,\omega) = L_e(p,\omega) + \int_{S_p} f_r(p,\omega,p \to q) L_i(p,p \to q) G(p,q) V(p,q) \mathrm{d}q \tag{4-3}$$

式中，$V(p, q)$ 为面光源上的点 q 与场景点 p 之间的可见性函数，$V(p, q) = 0$ 表示点 q 与点 p 之间因几何对象遮挡而不可见，$V(p, q) = 1$ 表示点 q 与点 p 之间直接可见；几何因子项 $G(p, q)$ 可写为

$$G(p,q) = \frac{\cos(p \to q, n_p) \cos(q \to p, n_q)}{\| p - q \|^2} \tag{4-4}$$

式中，n_p 为点 p 的法向量；n_q 为点 q 的法向量；$\cos(p{\to}q, n_p)$ 表示求从点 p 指向点 q 的向量与向量 n_p 之间夹角的余弦值；$\cos(q{\to}p, n_q)$ 表示求从点 q 指向点 p 的向量与向量 n_q 之间夹角的余弦值；$\| p - q \|$ 表示求点 p 到点 q 的距离。如果只计算直接光照，则式（4-3）的积分范围可换为 L，同时省略面发光亮度项，可得[4]

$$L_o(p,\omega) = \int_L f_r(p,\omega,p \to q) L_e(q,q \to p) G(p,q) V(p,q) \mathrm{d}q \tag{4-5}$$

可见绘制物理正确的柔和阴影需要精确地求解场景点与面光源之间的可见性函数，而可见性函数作为全局光照计算中的一个重要函数项被包含在绘制方程中。

根据式（4-5）可计算出待绘制点 p 在任意方向 ω 上的反射光亮度。如果面光

源上的点 q 与点 p 之间存在遮挡几何对象，则点 q 对点 p 的光照贡献为 0，这直接导致根据式（4-5）计算出的反射光亮度值减小。因此，点 p 的反射光亮度依赖于三维场景中阴影投射器对光线的遮挡情况，这实际上表明柔和阴影计算隐含在点 p 的反射光亮度计算过程之中。注意，式（4-5）由辐射传输理论导出，利用其计算出的柔和阴影在物理上是正确的。

在通常情况下，式（4-5）不存在解析解，要获得点 p 的精确反射光亮度值比较困难。可以利用蒙特卡罗方法来计算式（4-5）中的积分[5]。为了获得平滑的阴影效果，需要在面光源上产生大量采样点，并投射相应的阴影光线进行求交测试，以判断哪些光源采样点与待绘制点 p 之间直接可见，但大量的阴影光线求交测试操作使得该过程的计算效率非常低。Benthin 等[6]提出阴影截头锥体跟踪思想，只在需要的时候才创建阴影光线进行求交测试，从而提高了面光源可见性的计算效率，但该算法需要充分利用 Intel Larrabee 架构的多核 CPU 才能获得较好的性能。

许多不包括阴影光线投射的阴影绘制算法基于一定的假设，并不精确地计算可见性函数 $V(p, q)$，也能生成柔和阴影效果，但其只在某些特例情况下是物理上正确的[7]。Laine 等[8]基于跟踪平面面光源与待绘制点之间的可见性事件（visibility events）的思想，利用三维场景中的轮廓边信息来计算各光源采样点处的相对深度复杂度值，然后从待绘制点向相对深度复杂度值最小的光源采样点投射一条参考阴影光线，最后根据该参考阴影光线是否被遮挡来重建各光源采样点处的可见性函数值。该算法嵌入光线跟踪程序后可以绘制出物理正确的柔和阴影，对某些三维场景，其能获得较高的绘制效率。然而，在绘制包括大面积光源的三维场景时，该算法的效率严重降低。

通过前面的分析可知，要绘制出物理正确的柔和阴影，就必须正确地求解面光源可见性函数，进而计算绘制方程的积分结果。在实际中，通常用离散化方法求解积分，因此，必须计算出所有光源采样点的可见性函数值。蒙特卡罗方法求解面光源可见性函数代价太高的根本原因是，执行大量阴影光线求交测试的效率太低。Laine 等[8]的算法正是通过计算各光源采样点的深度复杂度函数来避免大量的阴影光线求交测试运算。

在交互式三维场景绘制中，为了提高绘制速度，可以假设三维场景中的所有表面为郎伯漫反射表面。在这一假设条件下，式（4-5）中的双向反射分布函数 $f_r(p, \omega, p \to q) = \rho(p) / \pi$ [4]，其中，$\rho(p)$ 表示点 p 处的反射率，同时 $L_o(p, \omega)$ 将不依赖于方向 ω。另外，如果再进一步假设光源到待绘制点 p 的距离就光源对点 p 所张的立体角而言比较大，即假设 $G(p, q)$ 随点 q 的变化很小，其可以近似为常量[4]。在上述假设条件下，式（4-5）可以进一步简化为[4]

$$L_o(\boldsymbol{p}) = \frac{\rho(\boldsymbol{p})}{\pi} \int_L G(\boldsymbol{p}, \boldsymbol{q}) \mathrm{d}\boldsymbol{q} \times \int_L L_e(\boldsymbol{q}, \boldsymbol{q} \to \boldsymbol{p}) V(\boldsymbol{p}, \boldsymbol{q}) \mathrm{d}\boldsymbol{q} \qquad (4\text{-}6)$$

在式（4-6）中，第一个积分实现对几何因子项的求和计算，第二个积分实现对阴影的计算。如果光源上的每个点向各个方向均匀地发射光照（在面光源采样点的法向量指向的正半方向空间内），且光源上的每个点的光照发射能力相同，则式（4-6）可以被改写为[4]

$$L_o(\boldsymbol{p}) = \frac{\rho(\boldsymbol{p}) L_c}{\pi} \int_L G(\boldsymbol{p}, \boldsymbol{q}) \mathrm{d}\boldsymbol{q} \times \int_L V(\boldsymbol{p}, \boldsymbol{q}) \mathrm{d}\boldsymbol{q} \qquad (4\text{-}7)$$

式中，L_c 是光源发射的光亮度。虽然根据式（4-7）绘制出的阴影不具有物理上的正确性，但由于其计算简便，在不少交互式三维场景绘制中得到应用。式（4-7）中的第一个积分是在光源表面上对几何项 $G(\boldsymbol{p}, \boldsymbol{q})$ 求积分，式（4-7）中的第二个积分是在光源表面上对可见性函数求积分。针对这两个积分设计高效的近似求解算法，是实现近似柔和阴影绘制的关键。值得注意的是，第一个积分在某些条件下具有解析解（例如多边形面光源）[4]。由于 $V(\boldsymbol{p}, \boldsymbol{q})$ 涉及线段与三维几何对象之间的求交测试计算，第二个积分不可能有解析解。

4.2　面光源可见性函数积分的近似求解

在根据式（4-7）近似绘制柔和阴影时，需要对三维场景点的光源可见性函数求积分。如图 4-1 所示，对于三维场景点 $\boldsymbol{p}$，如果在场景点 $\boldsymbol{p}$ 和面光源之间没有任何遮挡对象，则式（4-7）中的第二个积分的值为光源的面积，否则积分结果小于光源面积。精确求解面光源可见性函数积分非常困难，通常使用蒙特卡罗方法求解近似结果。

要利用蒙特卡罗方法来计算积分，首先必须确定在给定形状面光源上进行随机采样的方法。从理论上讲，为了减小蒙特卡罗积分计算结果的方差，应尽量使随机采样所用的概率密度函数与被积函数成比例。对于实际真实感三维场景绘制应用来说，由于可见性函数事先未知，不易设计出符合前述标准的随机采样概率密度函数。为了便于实现，可以在面光源上进行均匀随机采样。

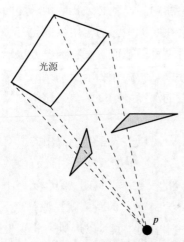

图 4-1　受到面光源照射的场景点

图 4-2 给出了三维空间中的矩形面光源，光源的几何形状由点 p_1、　p_2、　p_3、p_4 确定。为了产生一个在矩形面光源上服从均匀分布的随机样点 q，可以先利用随机数产生程序生成两个在 0～1 服从均匀分布的随机数 ξ_1 和 ξ_2，然后根据如下公式计算样点 q 的坐标：

$$q = p_1 + v_{12}\xi_1 + v_{14}\xi_2 \tag{4-8}$$

式中，$v_{12} = p_2 - p_1$；$v_{14} = p_4 - p_1$。

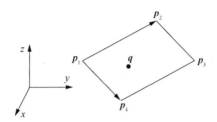

图 4-2　三维空间中的矩形面光源

图 4-3 给出了 80 个在矩形内服从均匀分布的随机采样点，每个点都落在矩形所在的平面上。由于矩形的两条相邻边相互垂直，可以用式（4-8）来计算采样点的坐标。如果面光源的形状是三角形，则需要先对随机数 ξ_1 和 ξ_2 进行适当的变换，再计算采样点的坐标。在平面三角形内产生服从均匀分布的随机采样点 q 的方法是，首先利用随机数产生程序生成两个在 0～1 服从均匀分布的随机数 ξ_1 和 ξ_2，然后根据如下公式计算采样点 q 的空间坐标[9]：

$$q = \left(1 - \sqrt{\xi_1}\right)p_1 + \sqrt{\xi_1}\left(1 - \xi_2\right)p_2 + \sqrt{\xi_1}\xi_2 p_3 \tag{4-9}$$

式中，p_1、　p_2、　p_3 为三角形的三个顶点，如图 4-4 所示。

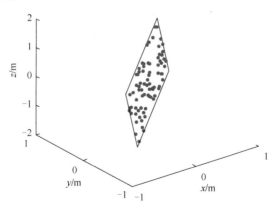

图 4-3　80 个在矩形内服从均匀分布的随机采样点

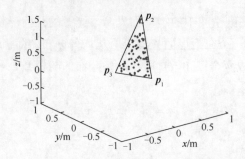

图 4-4 80 个在三角形内服从均匀分布的随机采样点

对于一个圆形面光源，如果已知其中心点 C、表面单位法向量 N_s 和半径 r，可以用以下方式产生在圆形面光源内服从均匀分布的随机采样点 q。首先，利用随机数产生程序生成两个在 0～1 服从均匀分布的随机数 ξ_1 和 ξ_2，然后根据如下公式计算样点 q 的空间坐标[9]：

$$q = r\sqrt{\xi_1}\left[\cos\left(2\pi\xi_2\right)u + \sin\left(2\pi\xi_2\right)v\right] + C \tag{4-10}$$

式中，

$$u = \begin{cases} \dfrac{a \times N_s}{\|a \times N_s\|}, & a \times N_s \neq 0 \\ b, & \text{其他} \end{cases} \tag{4-11}$$

$$v = N_s \times u \tag{4-12}$$

其中，

$$a = [1,0,0]^{\mathrm{T}} \tag{4-13}$$

$$b = [0,1,0]^{\mathrm{T}} \tag{4-14}$$

实际上，前面的向量 a 与 b 分别平行于 x 与 y 轴。图 4-5 给出了 80 个在半径为 3 的圆内服从均匀分布的随机采样点，其中的每个样点都落在圆形面光源表面上。

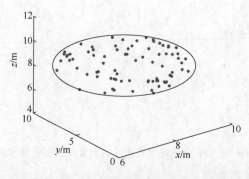

图 4-5 80 个在半径为 3 的圆内服从均匀分布的随机采样点

为了用蒙特卡罗方法计算某一面光源对于可视场景点 p 的可见性函数积分近似解，需在面光源上生成 M 个服从均匀分布的随机采样点。在生成一个面光源随机采样点 q_i 后，测试光源采样点 q_i 与可视场景点 p 之间是否存在遮挡几何对象，如果存在，则表明 $V(p, q_i) = 0$，否则 $V(p, q_i) = 1$，因此

$$\int_L V(p, q)\mathrm{d}q \approx \frac{S_L}{M}\sum_{i=1}^{M} V(p, q_i) \tag{4-15}$$

式中，S_L 表示光源的面积。

4.3　物理正确柔和阴影绘制算法

4.3.1　基于蒙特卡罗光源采样的柔和阴影绘制

在三维场景中，容易被人眼感知的阴影绝大多数都是因物体遮挡光源的直接光照射而产生的，遮挡间接光照射产生的阴影的重要性远低于遮挡直接光照射产生的阴影。因此，本节只讨论遮挡直接光照射产生的柔和阴影绘制问题。对于不主动发光的三维表面场景点 p，根据式（4-5）计算出的点 p 的反射光照值包含了物理正确的柔和阴影信息。假设三维表面是漫反射表面，则式（4-5）可以改写为

$$L_o(p, \omega) = \frac{\rho}{\pi}\int_L L_e(q, q \to p)G(p, q)V(p, q)\mathrm{d}q \tag{4-16}$$

式中，ρ 表示漫反射表面的反射率。为了使用蒙特卡罗方法[10]计算式（4-16）所示的积分，需要在光源表面上产生服从某一概率分布的随机采样点，在此基础上可得

$$L_o(p, \omega) \approx \frac{\rho}{\pi M}\sum_{i=1}^{M}\frac{L_e(q_i, q_i \to p)G(p, q_i)V(p, q_i)}{f(q_i)} \tag{4-17}$$

式中，$f(\cdot)$ 表示随机采样的概率密度函数。

图 4-6 给出了一个矩形面光源照射下的三维场景示意图，其中包含两个矩形平面和一个球，光源从上方照射球，在下方的矩形平面上投射出球的影子。图 4-7 是使用蒙特卡罗方法绘制图 4-6 所示场景得到的绘制结果。注意：图 4-6 和图 4-7 对应的观察相机参数设置不相同。对于在空间上均匀发光的平面漫射面光源，式（4-17）中的随机采样概率密度函数可以使用均匀分布概率密度函数。漫射面光源的每个发光点沿法向量指向的正半空间内的各个方向发射光照的能力相同。但是对于另外一些类型的漫射面光源（例如球形漫射面光源），使用简单的均匀分布来对光源进行随机采样可能导致计算结果方差很大。实际上，对于球形漫射面光源，只有正对着场景点 p 的半球面能对场景点 p 产生直接光照贡献，背对着场景点 p

的半球面对场景点 p 产生的直接光照贡献为零。因此，如果对整个球面进行均匀分布随机采样，那些位于背对着场景点 p 的半球面上的采样点对场景点 p 的直接光照贡献必然为零，换句话说就是没有必要在背对着场景点 p 的半球面上产生采样点。

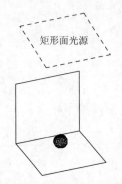

图 4-6　矩形面光源照射下的三维场景示意图　　图 4-7　矩形面光源照射下的三维场景的蒙特
　　　　　　　　　　　　　　　　　　　　　　　　　　卡罗绘制结果

　　图 4-8 给出了球形面光源照射下的三维场景。假设球形面光源的中心在点 c 处，球半径为 r，球面上各点的发光强度相同。如前所述，使用在球面上产生服从均匀分布的随机样点的方法来近似计算 $L_o(p, \boldsymbol{\omega})$ 可能导致较大的偏差。注意到，对于在空间上均匀发光的漫射面光源，式（4-17）中的 $L_e(q_i, q_i \to p)$ 实际上是常量。按照蒙特卡罗积分的基本思想，随机采样概率密度函数最好设计为 $f(\boldsymbol{q}_i) \propto G(\boldsymbol{p}, \boldsymbol{q}_i) V(\boldsymbol{p}, \boldsymbol{q}_i)$。由于 $V(\boldsymbol{p}, \boldsymbol{q}_i)$ 的具体值需要进行可见性测试之后才能确定，为了简化计算，可以把随机采样概率密度函数设计为 $f(\boldsymbol{q}_i) \propto G(\boldsymbol{p}, \boldsymbol{q}_i)$。对于给定的场景点 p，式（4-4）中的 $\cos(p \to q, n_p)$ 和 $\cos(q \to p, n_q)$ 都依赖于具体的采样点位置。如果进一步简化，可以把随机采样概率密度函数设计为 $f(\boldsymbol{q}) \propto \cos(q \to p, n_q) \|\boldsymbol{p} - \boldsymbol{q}\|^2$。这一随机采样概率密度函数等价于在球面对点 p 所张的立体角内进行均匀方向采样。根据图 4-8 可知，球面对点 p 所张的立体角为[9]

$$\Omega_p = 2\pi \left[1 - \sqrt{1 - \left(\frac{r}{\|\boldsymbol{p} - \boldsymbol{c}\|} \right)^2} \right] \tag{4-18}$$

因此，在立体角 Ω_p 内的均匀方向采样概率密度函数为[9]

$$\hat{f}(\boldsymbol{\omega}) = \frac{1}{2\pi \left[1 - \sqrt{1 - \left(\dfrac{r}{\|\boldsymbol{p} - \boldsymbol{c}\|} \right)^2} \right]} \tag{4-19}$$

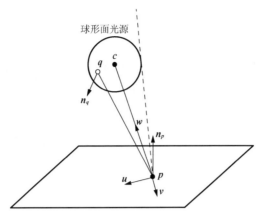

图 4-8　球形面光源照射下的三维场景

用标准随机数生成程序产生在 0~1 服从均匀分布的随机数 ξ_1 和 ξ_2，则随机采样方向 $\boldsymbol{\omega}$ 的方位角 α 和极角 ϕ 分别为[9]

$$\begin{bmatrix} \cos\alpha \\ \phi \end{bmatrix} = \begin{bmatrix} 1-\xi_1+\xi_1\sqrt{1-\left(\dfrac{r}{\|\boldsymbol{p}-\boldsymbol{c}\|}\right)^2} \\ 2\pi\xi_2 \end{bmatrix} \tag{4-20}$$

从点 $\boldsymbol{p}$ 出发沿方向 $\boldsymbol{\omega}$ 延伸的射线可以表示为[9]

$$\boldsymbol{R}(t) = \boldsymbol{p} + t\boldsymbol{\omega} \tag{4-21}$$

$$\boldsymbol{\omega} = \begin{bmatrix} u_x & v_x & w_x \\ u_y & v_y & w_y \\ u_z & v_z & w_z \end{bmatrix} \begin{bmatrix} \cos\phi\cos\alpha \\ \sin\phi\sin\alpha \\ \cos\alpha \end{bmatrix} \tag{4-22}$$

$$\boldsymbol{w} = \frac{\boldsymbol{c}-\boldsymbol{p}}{\|\boldsymbol{c}-\boldsymbol{p}\|} \tag{4-23}$$

$$\boldsymbol{v} = \begin{cases} \dfrac{\boldsymbol{a}\times\boldsymbol{w}}{\|\boldsymbol{a}\times\boldsymbol{w}\|}, & \boldsymbol{a}\times\boldsymbol{w}\neq\boldsymbol{0} \\ \boldsymbol{b}, & \text{其他} \end{cases} \tag{4-24}$$

$$\boldsymbol{u} = \boldsymbol{v}\times\boldsymbol{w} \tag{4-25}$$

$$\boldsymbol{a} = [1,0,0]^{\mathrm{T}} \tag{4-26}$$

$$\boldsymbol{b} = [0,1,0]^{\mathrm{T}} \tag{4-27}$$

式中，u_x、u_y、u_z 是向量 $\boldsymbol{u}$ 的 x、y、z 分量；v_x、v_y、v_z 是向量 $\boldsymbol{v}$ 的 x、y、z 分量；w_x、w_y、w_z 是向量 $\boldsymbol{w}$ 的 x、y、z 分量。联立式（4-21）所示的射线方程和球形面光源的球面方程，可以得到射线与球面的交点，选取离场景点 $\boldsymbol{p}$ 最近的交点作为光源采样点。在产生一个光源采样点后，还需要进一步确定该采样点对应的采样

概率密度。对于用式（4-20）～式（4-27）产生的光源采样点，其采样概率密度函数可写为[9]

$$f(\boldsymbol{q}) = \frac{\cos(\boldsymbol{q} \to \boldsymbol{p}, \boldsymbol{n}_q)}{2\pi\|\boldsymbol{p} - \boldsymbol{q}\|^2 \left[1 - \sqrt{1 - \left(\dfrac{r}{\|\boldsymbol{p} - \boldsymbol{c}\|}\right)^2}\right]} \tag{4-28}$$

　　前面的讨论假设三维场景中只有一个光源，且光源的发光强度在空间上不发生变化。真实世界中存在许多发光强度随空间位置变化而变化的光源。例如，计算机的显示器，显示器上各个像素点的发光强度就可能因像素位置的不同而发生变化。同理，对光源上的每个发光点来说，其向各个方向发射的光亮度也可能随方向而变化。不少文献用简单的模型来描述光源上的发光点向各个方向发射的光亮度对方向的依赖关系。光源的 Phong 发光模型可写为[9]

$$L_e(\boldsymbol{q}, \boldsymbol{\omega}) = \frac{(n+1)E(\boldsymbol{q})}{2\pi} \cos^{(n-1)}(\boldsymbol{\omega}, \boldsymbol{n}_q) \tag{4-29}$$

式中，$\cos(\boldsymbol{\omega}, \boldsymbol{n}_q)$ 表示方向 $\boldsymbol{\omega}$ 和点 $\boldsymbol{q}$ 处的法向量 $\boldsymbol{n}_q$ 的夹角的余弦值（参见图 4-9）；$E(\boldsymbol{q})$ 表示点 $\boldsymbol{q}$ 处的面发光度。当 $n = 1$ 时，式（4-29）简化为漫射光源的发光模型。真实三维场景中可能存在多个光源，可以使用混合采样概率密度函数来处理多光源照射下的直接光照求解问题。这里简单介绍文献[9]中给出的多光源照射三维场景时的直接光照近似估计算法。假设三维场景中有两个光源 L_1 和 L_2，采样第一个光源使用的概率密度函数为 $f_1(\boldsymbol{q})$，采样第二个光源使用的概率密度函数为 $f_2(\boldsymbol{q})$，则可以定义混合采样概率密度函数为

$$f_m(\boldsymbol{q}) = \alpha f_1(\boldsymbol{q}) + (1-\alpha) f_2(\boldsymbol{q}) \tag{4-30}$$

式中，$0 \leqslant \alpha \leqslant 1$。在对面光源进行采样时，首先生成两个在 0～1 服从均匀分布的随机数 ξ_1 和 ξ_2，如果 $0 \leqslant \xi_1 \leqslant \alpha$，则确定对光源 L_1 进行采样，同时利用随机数二元对 $(\xi_1/\alpha, \xi_2)$ 来计算光源上的采样点坐标（参见本节所述的球形面光源采样算法和 4.2 节所述的各种平面面光源采样算法），否则确定对光源 L_2 进行采样，同时利用随机数二元对 $((\xi_1 - \alpha)/(1-\alpha), \xi_2)$ 来计算光源上的采样点坐标。如果是对光源 L_1 进行采样，则使用前述单光源照射三维场景的方法计算光源 L_1 对场景点 $\boldsymbol{p}$ 的直接光照贡献 ε_1，场景点 $\boldsymbol{p}$ 在两个光源同时照射三维场景时的直接光照估计值为 ε_1/α。同理，如果是对光源 L_2 进行采样，则使用单光源照射三维场景的方法计算光源 L_2 对场景点 $\boldsymbol{p}$ 的直接光照贡献 ε_2，场景点 $\boldsymbol{p}$ 在两个光源同时照射三维场景时的直接光照估计值为 $\varepsilon_2/(1-\alpha)$。对于三维场景受三个以上光源照射的情形，可以使用与此类似的方法来近似估计场景点 $\boldsymbol{p}$ 的直接光照值。

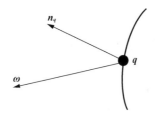

图 4-9　发光方向与发光点法向量之间的几何关系

4.3.2　基于环境遮挡掩码的柔和阴影绘制

在三维场景中，除了直接来自光源的光照被几何对象遮挡会产生阴影外，入射到物体表面上的环境光被局部遮挡而产生的环境遮挡现象[11,12]也会导致三维场景出现不均匀的明暗分布。Laine 和 Karras[11]利用预先构建的遮挡掩码查找表来计算三角形的环境遮挡，避免了费时的阴影光线求交测试操作。本书作者借鉴这一思想，在绘制物理正确的柔和阴影过程中，通过计算三角形的环境遮挡掩码来避免大量的阴影光线求交测试操作，进而提高面光源可见性计算的效率[2]。

虽然目前已有很多用于绘制柔和阴影效果的算法，但大多数只能生成伪柔和阴影或者近似柔和阴影，而且难以集成到光线跟踪框架中。物理正确柔和阴影绘制算法的计算效率仍然太低，导致在三维制作中生成物理正确的柔和阴影的成本很高。目前已有的柔和阴影绘制算法基本上可分为基于图像的算法、基于对象的算法和全局光照算法三类[13]。充分利用当前 GPU 的处理能力，基于图像和基于对象的柔和阴影绘制算法在一定条件下可以达到实时性能水平[1]。许多阴影映射算法的变种[14-17]都可生成柔和阴影效果，它们可归类为基于图像的柔和阴影绘制算法。虽然这类算法的计算效率较高，但不能生成物理正确的柔和阴影，而且容易产生阴影走样问题。在基于对象的柔和阴影绘制算法中，Assarsson 和 Akenine-Möller[18]的柔和阴影体方法对一些简单三维场景可生成物理正确的柔和阴影。但如果从面光源的不同采样点看去，同一几何对象的轮廓边明显不同（投射阴影的几何对象靠近一个大面积光源时会出现此问题），或者多个几何对象投射的阴影相互重叠，则该方法计算出的柔和阴影存在明显的失真。全局光照算法主要有光线跟踪算法、光能辐射度算法、路径跟踪算法和光子映射算法等，这类算法结合蒙特卡罗光照估计技术可以生成非常逼真的物理正确的柔和阴影效果，但往往效率太低。当前，基于光线跟踪的全局光照算法已经在真实感三维场景绘制领域得到一定程度的应用，不过其低效的柔和阴影生成过程增加了绘制成本，使得人们在某些场合不得不舍弃这种算法，而选择其他近似算法以提高绘制速度。

本节将给出一种利用环境遮挡掩码实现物理正确柔和阴影计算的方法，其通过降低面光源可见性评估的复杂度来提高绘制效率。本节的方法可以很容易地集成到光线跟踪框架中，其主要思路如下：在预处理时，创建一个环境遮挡掩码立方图；在计算待绘制点处的面光源可见性时，创建一个可见性测试四棱锥包围体并遍历三维场景，利用预计算环境遮挡掩码立方图，即可快速计算一个与四棱锥包围体相交的三角形面片对各光源采样光线的遮挡情况。

绘制方程求解的难点在于面光源可见性函数的正确计算，其主要任务是确定面光源上哪些采样点与绘制点 p 之间直接可见，即面光源上哪些采样点与点 p 之间无几何对象遮挡。为了后面描述方便，首先建立以点 p 为原点的局部坐标系，如图 4-10 所示，其中坐标系的 z 轴与点 p 的法向量 n_p 同向，Ω 为以点 p 为球心的单位半球，Ω 的底面与 x-y 平面重合，a、b、c 为位于 Ω 内的一个三角形面片的三个顶点，a'、b'、c' 分别为 a、b、c 从点 p 投向 Ω 表面的投影点。

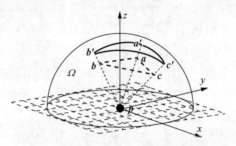

图 4-10　绘制点 p 处的局部坐标系

如图 4-10 所示，本节的环境遮挡掩码与点 p 切平面上的一个规则网格相对应，Ω 底面内的每个网格单元中心点都是 Ω 表面上某点的垂直投影点。如图 4-11 所示，d 为 Ω 表面上的某点，d 的垂直投影点落在 Ω 底面内的某个网格单元中心 d' 上。图 4-11 中的实心圆圈和空心圆圈分别表示 Ω 前表面和后表面上的点，它们在 Ω 底面上的垂直投影点都落在某个网格单元中心上。

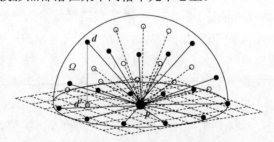

图 4-11　绘制点 p 处的阴影光线投射方向

为了叙述方便，在此将图 4-11 中实心圆圈和空心圆圈表示的点称为规则网格单元中心的球面映射点。如图 4-11 所示，从点 p 向 Ω 底面内所有网格单元中心对应的球面映射点投射遮挡测试阴影光线，则可用环境遮挡掩码来表示这些遮挡测试阴影光线的遮挡状态。这种阴影光线投射方法的好处是，可实现按余弦分布对点 **p** 切平面上方空间进行重要性采样。如果环境遮挡掩码的某位为 0，则表示与之对应的遮挡测试阴影光线被几何对象遮挡，反之为 1，则表示与之对应的遮挡测试阴影光线未被遮挡。

　　环境遮挡掩码实际上表示在点 **p** 切平面上方的一个或者多个几何对象对点 **p** 周围的遮挡情况。本节将面光源当成一个特殊几何对象，类似于环境遮挡掩码，用光源覆盖掩码来表示其对点 **p** 周围的覆盖情况。与环境遮挡掩码不同的是，如果图 4-11 所示的某条遮挡测试阴影光线穿过面光源，则与该遮挡测试阴影光线对应的光源覆盖掩码位为 1，否则为 0。

　　在计算点 **p** 处的面光源可见性时，需要从点 **p** 向各光源采样点投射可见性测试阴影光线。本节用正四棱锥包裹从点 **p** 投射向各光源采样点的可见性测试阴影光线，其二维示意图如图 4-12 所示。图 4-12 中的虚线表示投射向面光源采样点的可见性测试阴影光线，h 为正四棱锥的高度，三角形 A 和三角形 B 是半径为 $R=h\cos(\alpha)$ 的半球空间中的几何对象，其中，α 为正四棱锥的内切圆锥的半顶角。基于光线跟踪流程，本节算法遍历三维场景，如果某几何对象与上述正四棱锥相交，则根据预计算环境遮挡掩码立方图求解该几何对象在点 **p** 处的环境遮挡掩码，然后进一步根据光源覆盖掩码和环境遮挡掩码计算面光源的可见性，后面将给出详细过程。在此假设三维场景的所有几何对象均为三角形面片，绘制方程的求解框架如算法 4.1 所示。

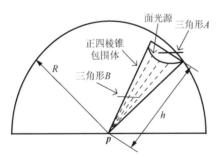

图 4-12　可见性测试四棱锥包围体的二维示意图

算法 4.1：绘制方程的求解框架

创建遮挡掩码变量 M_T，并将其每个位设置为 1；

创建遮挡距离数组 D，并将其每个元素值设置为 ∞；

计算面光源在点 **p** 处的光源覆盖掩码 M_S；

根据光源覆盖掩码 M_S 及面光源位置，创建可见性测试四棱锥包围体；

while(未完成场景加速结构遍历){

　　继续遍历场景加速结构，如果找到一个与四棱锥包围体相交的叶结点 N_L，则：

  foreach N_L 包含的三角形面片 t **do**{

  根据预计算环境遮挡掩码立方图求解 t 对点 p 的环境遮挡掩码 M_t；

  $M_T \leftarrow M_T$ & M_t；

  //记录最小遮挡距离

  $M_{ts} = M_t \mid (! M_S)$；

  foreach M_{ts} 中值为 0 的位 b_0 **do**{

   $R_1 \leftarrow b_0$ 对应的遮挡测试阴影光线；

   计算 R_1 与 t 的交点到点 p 的距离 d；

   if$(d < D(R_1))$ $D(R_1) \leftarrow d$；

   }

  }

  }

 $M_V \leftarrow M_T$ & M_S；

 $M_D \leftarrow (! M_T)$ & M_S；

 //遮挡距离测试

 foreach M_D 中值为 1 的位 b_1 **do**{

  $R_2 \leftarrow b_1$ 对应的遮挡测试阴影光线；

  计算 R_2 与面光源的交点到点 p 的距离 d'；

  if$(d' < D(R_2))$ $M_V(b_1) \leftarrow 1$；

 }

 foreach M_V 中值为 1 的位 b_1' **do**{

  $R_3 \leftarrow b_1'$ 对应的遮挡测试阴影光线；

  计算 R_3 与面光源的交点 q；

  计算光源采样点 q 对点 p 的光照贡献，并累加到绘制方程的积分结果中；

 }

  算法 4.1 中的"&""|""!"分别为"与""或""非"位运算；遮挡距离数组 D 的每个元素与图 4-11 所示的一条遮挡测试阴影光线相对应。与光栅化操作中的深度缓存类似，遮挡距离数组 D 保存了在各遮挡测试阴影光线方向上点 p 的最小遮挡距离。在算法 4.1 中，$D(R_i)$ 表示遮挡测试阴影光线 R_i 对应的遮挡距离数组元素变量。在遮挡距离测试时，若一个光源采样点到点 p 的距离小于对应的最小遮挡距离，则将此光源采样点设置为不受遮挡。

4.3.2.1　预计算环境遮挡掩码立方图的创建

预计算环境遮挡掩码立方图的每个像素对应了以点 p 为中心的正立方体表面上的一个点 r，如图 4-13 所示，其中，Π_2、Π_3、Π_4、Π_5 分别为正立方体的左侧面、右侧面、顶面和底面。实际上每个立方图像素对应一个从点 p 指向点 r 的向量 n_Σ，而以 n_Σ 作为法向量又可确定一个过点 p 的平面 Σ_p，本节将平面 Σ_p 的环境遮挡掩码值保存在该立方图像素中。这里定义平面 Σ_p 的环境遮挡掩码如下：如果一个掩码位对应的遮挡测试阴影光线的方向向量与 n_Σ 的内积小于 0，则该掩码位的值为 0，否则该掩码位的值为 1。在绘制柔和阴影之前创建一个环境遮挡掩码立方图，预先计算出每个像素对应平面 Σ_p 的环境遮挡掩码值。任意给定一个过点 p 的平面 Σ'_p，可通过 Σ'_p 的法向量来检索其环境遮挡掩码，具体方法为从点 p 投射一条以 Σ'_p 的法向量为方向的射线，该射线与正立方体表面的交点所在的立方图像素单元即为 Σ'_p 的环境遮挡掩码存放位置。

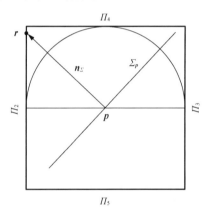

图 4-13　环境遮挡立方体的二维示意图

使用图 4-10 所示的局部坐标系，假设前述正立方体的边长为 2，且每个表面都与某个坐标轴垂直，即该正立方体的前表面法向量 $n_0=[1,0,0]^T$，后表面法向量 $n_1=[-1,0,0]^T$，左侧面法向量 $n_2=[0,-1,0]^T$，右侧面法向量 $n_3=[0,1,0]^T$，顶面法向量 $n_4=[0,0,1]^T$ 和底面法向量 $n_5=[0,0,-1]^T$。另外，不难得出，前表面 Π_0、后表面 Π_1、左侧面 Π_2、右侧面 Π_3、顶面 Π_4 和底面 Π_5 的方程可分别写为 $x=1$、$x=-1$、$y=-1$、$y=1$、$z=1$ 和 $z=-1$。用一个三维数组来存储立方图，若已知平面 Σ'_p 的法向量 $n_{\Sigma'}$，则平面 Σ'_p 的环境遮挡掩码在三维数组中的存储地址（即数组下标）可按算法 4.2 计算。

算法 4.2：平面 Σ'_p 的环境遮挡掩码存储地址求解算法

输入：$n_{\Sigma'}$

输出：i, j, k

foreach i=0,1,$\cdots$,5 **do**

  if($n_i \cdot n_{\Sigma'}$ >0){ // n_i 为正立方体某一表面的法向量

    计算起始于点 p 的射线 $r=n_{\Sigma'} t$ 与 Π_i 的交点 s；

    if($| s_x |$≤1 且 $| s_y |$≤1 且 $| s_z |$≤1){

        switch(i/2){

        case 0:

          j=$(1+s_y)$/2×N;

          k=$(1+s_z)$/2×N;

          break;

        case 1:

          j=$(1+s_x)$/2×N;

          k=$(1+s_z)$/2×N;

          break;

        case 2:

          j=$(1+s_x)$/2×N;

          k=$(1+s_y)$/2×N;

          break;

        }

        break;

    }

  }

在算法 4.2 中，s_x、s_y 和 s_z 为交点 s 的三个坐标分量，立方图的每个图像平面包括 $N×N$ 个像素，整个立方图用 $6×N×N$ 的数组存储。算法 4.2 执行完毕后，变量 i、j、k 即平面 Σ'_p 的环境遮挡掩码在立方图三维数组中的存储地址。

4.3.2.2 光源覆盖掩码的计算

如前所述，光源覆盖掩码记录了哪些遮挡测试阴影光线与面光源相交。如果想精确地计算光源覆盖掩码，则需要判断每条遮挡测试阴影光线与面光源是否相交，与预计算环境遮挡掩码立方图只需计算一次不同，对每个绘制点 p，都需要单独计算光源覆盖掩码。因此，精确地计算光源覆盖掩码的时间代价太高，本节将采用近似方法求解。

首先，按均匀分布在面光源上产生一系列采样点，然后连接绘制点 p 与这些采样点以获得一系列可见性测试阴影光线，根据这些可见性测试阴影光线的方向向量，可计算出它们在图 4-10 所示局部坐标系下的方位角 φ 和俯仰角 θ。对所有可见性测试阴影光线，计算单位半球 Ω 底面内的点$[\cos(\theta)\cos(\varphi), \cos(\theta)\sin(\varphi)]$所在的网格单元，将与这些网格单元对应的光源覆盖掩码位设置为 1，其余位设置为 0。这里将值为 1 的光源覆盖掩码位对应的遮挡测试阴影光线称为光源采样光线。最后，再测试各条光源采样光线是否真正地与面光源相交，如果不相交，则将其对应的光源覆盖掩码位设置为 0。

4.3.2.3　可见性测试四棱锥的创建及相交判断

场景包围盒-四棱锥相交测试比场景包围盒-圆锥相交测试简单，因此，本节使用正四棱锥作为可见性测试包围体。首先，创建一个能包裹所有光源采样光线的圆锥，然后以该圆锥的外切正四棱锥作为可见性测试包围体，具体方法如下：计算点 p 处所有光源采样光线的平均方向向量 v_a，以向量 v_a 作为圆锥轴线方向；以点 p 为圆锥顶点，圆锥半顶角 α 为其轴线与各光源采样光线之间的最大夹角，圆锥高度 h 为所有光源采样光线在圆锥轴线上的最大投影长度，其中光源采样光线的长度为光源采样光线与面光源的交点到点 p 的距离。一个正四棱锥可由其四个底面顶点和一个锥尖顶点唯一确定。如图 4-14 所示，可见性测试四棱锥的锥尖顶点为点 p，v_s 为任意一条光源采样光线的方向向量，$v_l = v_a \times v_s / \|v_a \times v_s\|$，$v_r = v_a \times v_l / \|v_a \times v_l\|$，假设 v_a 已经归一化，则底面顶点 e 和 g 的坐标分别为 $p + h \cdot v_a \pm 2^{1/2} h \tan(\alpha) \cdot v_l$，$f$ 和 t 的坐标分别为 $p + h \cdot v_a \pm 2^{1/2} h \tan(\alpha) \cdot v_r$。

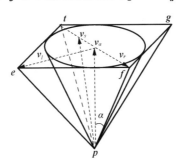

图 4-14　可见性测试包围体示意图

算法 4.1 在遍历场景加速结构时，需要判断可见性测试包围体是否与一个结点的场景包围盒相交，只有在相交的条件下，才需进一步遍历该结点的子结点，进而最终遍历到叶结点。本节对文献[19]的有向包围盒-正交平截头体相交判断方法进行简单修改，令平截头体的近平面到视点的距离为 0，即可用其判断场景包围盒与四棱锥之间是否相交。

4.3.2.4　三角形面片的环境遮挡掩码求解

下面论述如何根据预计算环境遮挡掩码立方图，计算一个三角形面片的环境遮挡掩码。这里使用 Kautz 等[20]的方法，首先，根据三角形的三条边及点 *p*，确定三个过点 *p* 的平面，如图 4-10 所示，由三角形 *abc* 的三条边及点 *p* 可确定平面 *bcp*、平面 *acp* 和平面 *abp*；然后以这三个平面的法向量作为算法 4.2 的输入，计算出三个立方图像素地址，再对这三个像素的环境遮挡掩码值作"与"运算，所得结果即为三角形面片的环境遮挡掩码值。

4.3.2.5　遮挡测试阴影光线方向模式扰动

一个三维平面上所有点的法向量都相同，这将导致绘制该平面时，在各点处生成完全相同的遮挡测试阴影光线方向模式，造成在绘制结果中出现条带失真。为了解决这一问题，本节借鉴 Laine 和 Karras[11]的方法，在创建图 4-10 所示点 *p* 的局部坐标系时，对点 *p* 的法向量进行微小随机扰动（确保不会有任何遮挡测试阴影光线投射向单位半球底面的下方），另外也将 *x-y* 平面绕 *z* 轴随机地旋转一个角度。

本书作者在配置有 Intel Core[TM] 2 Duo CPU T8100 和 4GB 内存的计算机上实现了本节的算法[2]。实验使用 32×32 的环境遮挡掩码和 6×128×128 的立方图，因此预计算环境遮挡掩码立方图总共占用 12MB 的内存空间。在此使用斯坦福扫描模型库中的 bunny 和 dragon 三维模型来搭建测试场景，如图 4-15 所示。测试场景包括两个 bunny 模型、两个 dragon 模型和两个平面，其中，两个平面相交成 90° 夹角，测试场景包含 $112.9609×10^3$ 个顶点和 $228.998×10^3$ 个三角形，一个漫射面光源从左上方照射三维场景（图 4-15 中绘制一个白色矩形来直观地表示面光源的位置及尺寸）。

实验中的图像分辨率设置为 750×1000。这里以使用蒙特卡罗积分光照计算方法生成的图像作为参考，来分析本节方法绘制物理正确柔和阴影的有效性。图 4-15 给出了在不同尺寸的面光源照射下，分别使用蒙特卡罗方法和本节方法绘制测试场景的结果及两者的差异，其中，图 4-15（a）为使用蒙特卡罗方法绘制的结果，图 4-15（b）为使用本节方法绘制的结果，图 4-15（c）为两种方法的绘制结果之差（为了便于观察，其中的显示结果为实际图像差的 8 倍）。由图 4-15 可以发现：本节方法与蒙特卡罗方法相比，两者的绘制结果在柔和阴影区域的差异并不明显，视觉上难以分辨，因此，本节方法可以有效地绘制物理正确的柔和阴影。

(a) 蒙特卡罗方法绘制结果　　　　　(b) 本节方法绘制结果　　　　　(c) 8 倍图像差

图 4-15　测试场景的绘制结果及比较

　　注意，在光源覆盖掩码计算过程中，如果一条光源采样光线并不真正地与面光源相交，则需要将其对应的光源覆盖掩码位设置为 0。在实验过程中受计算精度影响，有可能某绘制点处的所有光源采样光线都不与面光源相交，此时可将面光源近似为点光源（位于面光源中心位置），用标准光线跟踪流程直接求解绘制点处的反射光亮度。

　　图 4-15 中第一行图像对应于小面积光源照射情形，第二行图像对应于中等面积光源照射情形，第三行图像对应于大面积光源照射情形。表 4-1 给出了分别使用蒙特卡罗方法和本节方法绘制图 4-15 所示测试场景所用的时间。从表 4-1 可以看出，小面积光源照射三维场景时，本节方法和蒙特卡罗方法的绘制效率相差不大，但中等和大面积光源照射三维场景时，本节方法的绘制效率相比于蒙特卡罗方法有明显优势。此外，随着面光源尺寸的增大，本节方法的绘制时间只是少量增加，不存在类似于文献[8]绘制大面积光源场景时性能严重下降的缺陷。

表 4-1　蒙特卡罗方法与本节方法的绘制时间对比

面光源尺寸	绘制方法	绘制时间/s	加速比
小面积光源	蒙特卡罗方法	8 876.9	1.005
	本节方法	8 835.2	
中等面积光源	蒙特卡罗方法	14 619.4	1.588
	本节方法	9 205.6	
大面积光源	蒙特卡罗方法	27 236.8	2.794
	本节方法	9 748.6	

用不同尺寸的面光源照射三维场景时，场景中的阴影柔和度受面光源对阴影接收器所张的立体角大小影响，面光源所张立体角越小，场景中阴影的边界越明显，相应地，计算阴影接收器位置处的光照所需的光源采样点数目也越少。本节方法在计算光源覆盖掩码时，将可见性测试阴影光线映射为光源采样光线，这使得后面创建的可见性测试四棱锥的空间尺寸隐含地取决于面光源所张立体角的大小。可见性测试四棱锥的空间尺寸越小，可能与其相交的三角形面片数目也相应地减少，进而导致算法 4.1 中三角形面片环境遮挡掩码的计算量随之减小。这正是面光源尺寸对本节方法的绘制时间有影响的原因。

值得注意的是，本节算法所需的预计算环境遮挡掩码立方图只依赖于环境遮挡掩码位数和立方图分辨率两个参数，与具体的测试场景及光源位置无关。因此，可以事先计算出给定参数下的环境遮挡掩码立方图，并保存为配置文件。在算法运行时，直接从配置文件中导入环境遮挡掩码立方图即可，无需再次计算。所以，预计算环境遮挡掩码立方图的时间开销可以忽略。

4.4　近似柔和阴影绘制算法

物理正确柔和阴影绘制算法的时间复杂度通常比较高，难以用在需要实时交互的图形绘制应用中。对于三维计算机游戏这类需要人机实时互动的应用，通常只绘制近似柔和阴影。在设计近似柔和阴影绘制算法时，最高的目标是同时满足以下要求[21]：①半影区的阴影应该随阴影投射对象到阴影接收对象的距离的增加而变得更柔和；②当光源变得足够大时，本影区应该消失；③应该竭力避免因采样导致的柔和阴影走样痕迹；④算法应该能够在图形处理器硬件上实现，能支持实时绘制；⑤支持在任意曲面上投射柔和阴影。当然，设计同时满足以上几点要求的近似柔和阴影绘制算法比较困难，实际柔和阴影绘制算法通常只满足部分要求。常见的近似柔和阴影绘制算法有基于对象的算法和基于图像的算法[1]。基于对象的算法是对阴影体方法的扩展，基于图像的算法则是对阴影图方法的扩展。

4.4.1　基于对象的近似柔和阴影绘制算法

从原理上说，可以有很多方法实现基于对象的柔和阴影近似绘制。例如，对光源进行采样，得到一系列采样点，每个采样点都是一个点光源，针对每个采样点光源创建阴影体，最后合并不同采样点光源的阴影计算结果，就可以得到柔和阴影。点光源照射三维场景条件下的基本阴影体算法思想如下[1]：①找出从点光源位置处观察三维场景时，每个遮挡几何物体的所有轮廓边（如果两个三角形共享一条边，且其中一个三角形朝向光源，另一个三角形背向光源，则这两个三角形的共享边就是轮廓边），对于给定的三维场景模型及光源参数，可以使用 Markosian 等的算法[22]来找出所有的轮廓边；②沿光源的直接光照传播方向延伸所有轮廓边，可得到由轮廓边和光源确定的一个半平面，所有的半平面围成阴影体，只要场景中某个点在阴影体中，该点就在阴影之中；③对于要绘制的每个场景点，计算从视点到场景点的连线所穿越的半平面个数，每穿越一个前向半平面计数器加 1，每穿越一个后向半平面计数器减 1，如果最后计数器的值为正，则场景点在阴影之中，否则未在阴影之中。当视点位于半平面的法向量指向的半空间时，该半平面是前向半平面，否则是后向半平面。如图 4-16 所示，对于由 A、B、C、D 四个点确定的三棱锥体，三角形 ABC 朝向光源，三角形 ABD、BCD、ACD 背向光源，因此，边 AB、BC、AC 是轮廓边。沿着光源 S 的直接光照传播方向延伸轮廓边可得 $ABA'B'$、$BCB'C'$、$ACA'C'$ 共三个半平面，这三个半平面确定了一个阴影体，所有半平面的法向量都指向阴影体之外。从视点位置可以看到场景点 p_1 和场景点 p_2，从视点到场景点 p_1 的连线只穿越了一个前向半平面，因此，场景点 p_1 处于阴影之中；从视点到场景点 p_2 的连线穿越了一个前向半平面，同时穿越了一个后向半平面，因此，场景点 p_2 未处于阴影之中。

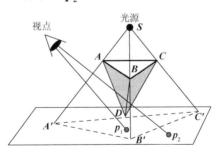

图 4-16　点光源照射下的阴影体示意图

可以用基于图形硬件的模板缓存来实现基本阴影体算法。有两种基于模板缓存的基本阴影体算法实现[1]，第一种是 z-pass 算法，第二种是 z-fail 算法。z-pass 算法的基本过程如下：打开深度测试功能，将阴影体的所有半平面绘制到模板缓存中。这里打开深度测试的目的是排除位于绘制场景点之后（相对于视点）的半平面。首先，绘制前向半平面，只要通过深度测试，就将模板缓存加 1；然后，绘制后向半平面，只要通过深度测试，就将模板缓存减 1；最后，如果某个像素对应的模板缓存值为正，则该像素对应的场景点处于阴影之中。z-fail 算法的基本过程如下：绘制三维场景，保存深度缓存；绘制后向半平面到模板缓存中，如果某个后向半平面在三维场景的几何对象之后，则模板缓存的值加 1；绘制前向半平面到模板缓存中，如果某个前向半平面在三维场景的几何对象之后，则模板缓存的值减 1；最后，只要某像素的模板缓存值为正，则表明该像素对应的绘制场景点位于阴影之中。使用阴影体算法时的完整场景绘制流程如下[1]：①仅考虑环境光绘制整个场景，在该过程中需打开深度测试，最后可得到深度缓存；②计算阴影体，打开深度测试，将所有半平面绘制到模板缓存中；③考虑光源照明，打开模板测试，绘制三维场景（只绘制模板缓存值为 0 的像素，其他像素保持环境光照值不变）。

基本阴影体算法的缺点如下[1]：①需要绘制大量的阴影体半平面到模板缓存，造成图形卡填充率瓶颈；②计算时间依赖于遮挡体的复杂度；③需要预计算遮挡体的轮廓边；④至少需要执行两遍绘制过程。基本阴影体算法的优点如下[1]：①支持全向光源；②能获得相机坐标系下的像素分辨精度；③能处理自阴影。

利用上述基本阴影体算法，基于对面光源进行采样来绘制柔和阴影的效率很低。为了提高柔和阴影绘制效率，Akenine-Möller 和 Assarsson 提出了基于半影楔形体的近似柔和阴影绘制算法[21]。该算法不是为每条轮廓边创建一个阴影体半平面，而是为每条轮廓边创建一个半影楔形体，如图 4-17 所示。如果某个场景点落在半影楔形体中，则该场景点就处于该轮廓边对应的半影区中。

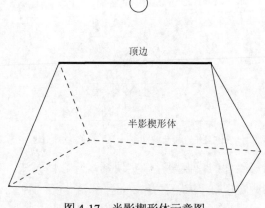

图 4-17　半影楔形体示意图

为了提高计算效率，Assarsson 和 Akenine-Möller[18]并未计算精确的半影体，而是构建了精确半影体的一个包围体，即半影楔形体。假设光源是球形面光源，选择光源上的单个点作为参考点（可以选择光源中心点），按照点光源照射三维场景时的轮廓边计算方法来找出场景中的所有轮廓边。如图 4-18 所示，线段 *ad* 是一条轮廓边，点 *a* 和点 *d* 是该轮廓边的两个端点。对于点 *a* 和点 *d*，假设点 *d* 离光源参考点 *c* 最近。令 v_1 为从点 *a* 指向点 *c* 的向量。沿向量 v_1 的方向移动点 *a* 到点 *a'*，使得线段 *a'c* 的长度等于线段 *dc* 的长度。线段 *a'd* 将作为半影楔形体的顶边。半影楔形体的前后侧面定义为过线段 *a'd* 且

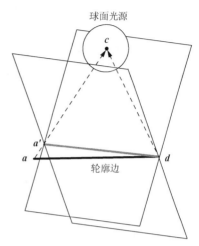

图 4-18　半影楔形体的创建示意图

与球面光源的前后面相切的两个平面。令 v_2 为同时与从点 *a'* 指向点 *c* 的矢量和从点 *a'* 指向点 *d* 的矢量相垂直的矢量。半影楔形体的左侧面定义为过点 *a'* 且与矢量 v_2 平行的平面。令 v_3 为同时与从点 *d* 指向点 *c* 的矢量和从点 *d* 指向点 *a'* 的矢量相垂直的矢量。半影楔形体的右侧面定义为过点 *d* 且与矢量 v_3 平行的平面。如果光源不是球面光源，可以根据其球面包围体来创建轮廓边的半影楔形体。

Akenine-Möller 和 Assarsson 的柔和阴影体算法的基本实现过程如下[21]。

（1）以光源上某点 *p* 为参考点，计算场景中所有对象的轮廓边；对于每条轮廓边，构建一个相应的半影楔形体；半影楔形体能包含对应轮廓边的半影区域。

（2）用标准的可见性缓冲算法绘制阴影体，使得可见性缓冲中包含硬边阴影值。

（3）绘制每个半影楔形体的前表面。对于每个被这些前表面覆盖的像素，使用片段程序计算光源的遮挡百分比；对于每个被半影楔形体覆盖且在硬边阴影区的像素，计算光源的可见性百分比，并将其与可见性缓冲中的值相加；对于每个被半影楔形体覆盖且在场景照射区域的像素，计算光源的遮挡百分比，并从可见性缓冲中减去该值。

（4）经过步骤（3），可见性缓冲中包含了每个像素的可见性百分比；用可见性缓冲的结果调制使用标准 OpenGL 光照模型计算出的像素光照值，从而得到场景的柔和阴影绘制结果。

上述算法的复杂性依赖于对象轮廓边数目及每个半影楔形体覆盖的像素数目。更小尺寸的光源导致半影楔形体更小，柔和阴影的绘制速度相应地越快。由于该算法仅使用一个光源采样点来计算对象的轮廓边，当从整个光源看去的对象轮廓边与根据单个光源样点计算出的轮廓边相差很大时，算法存在很大的误差。

当一个大面积光源离遮挡对象很近时或者多个遮挡对象的阴影相互重叠时，就会出现这种情况。这时可将大面积光源分割成多个小面积光源（通常分割成 2×2 或 3×3 个子光源就足够了），再分别处理分割后得到的各个光源。

4.4.2　基于图像的近似柔和阴影绘制算法

　　阴影映射算法已经在硬边阴影绘制中得到广泛应用；该算法的基本思想如下[1]：①把相机移到点光源位置并绘制三维场景，记录每个可视场景点的深度值（即到点光源的距离），并据此创建阴影图纹理；②把相机移到正常的视点位置，再次绘制三维场景，对每个可视场景点，如果其到点光源的距离大于阴影图的相应像素记录的深度值，则表明该场景点处于阴影之中，否则表明该点能被点光源直接照射。如图 4-19 所示，把相机移到光源位置绘制三维场景，可以生成阴影图。对于从视点直接可见的场景点 p，其对应阴影图中的像素 s，对应视点画面中的像素 e。计算场景点 p 到光源的距离 d，然后比较距离 d 与像素 s 中存储的深度值之间的大小，如果距离 d 大于像素 s 中存储的深度值，则场景点 p 处于阴影之中。阴影映射算法可以直接在图形硬件上实现，受场景复杂度的影响相对较小[14]，因此，通常可以支持较高的画面绘制速率。阴影映射算法的一个重要缺点是，绘制的阴影边缘容易出现走样[23]。对于聚光灯类型的光源，如果光源的光照发射角度不是非常大，可以在创建阴影图时把相机视场角设置为光照发射角，只需创建一个阴影图就可以实现正常的阴影绘制。然而当光源的光照发射角很大或者光源是全向光源时，为了避免在第一遍绘制中出现场景投影畸变，需要把光源的光照发射角空间分成多个子区域，并针对每个子区域创建独立的阴影图。

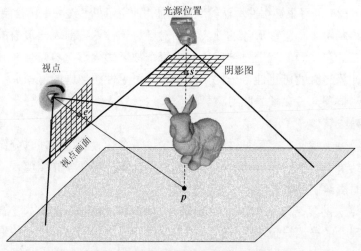

图 4-19　阴影映射算法原理示意图

原始阴影映射算法只能绘制出硬边阴影。为了绘制出柔和阴影视觉效果，最直接的方法是对面光源进行采样，生成若干光源采样点；然后，把每个光源采样点当成一个点光源，并为其创建阴影图；最后，综合各个光源采样点照射场景时的阴影计算结果，可以生成包含柔和阴影视觉效果的画面。然而，使用这种方法绘制柔和阴影的效率太低，难以支持交互式应用。此外，为了解决因离散化造成的阴影边缘走样问题，人们相继提出了百分比渐近滤波、卷积深度图、方差阴影图等算法[24-26]，这些算法能够减弱或者消除阴影边缘的锯齿现象，同时使得阴影边缘变得柔和，即产生一定的柔和阴影视觉效果。然而，上述算法并没有给出滤波模板大小的选取准则，难以绘制出依赖于光源、遮挡体及阴影接收体空间位置关系的柔和阴影效果。

Brabec 和 Seidel[27]提出基于阴影图的单采样柔和阴影绘制算法，其可以达到交互式绘制速率，同时绘制出的柔和阴影半影区大小可由光源及遮挡体空间位置进行控制。Brabec 和 Seidel 的算法是对 Parker 等[28]的算法的扩展。如图 4-20 所示，Parker 等[28]为三维场景中的每个遮挡体加一个外壳（用虚线表示），在一个点光源的照射下，遮挡体自身在阴影接收面上投射出一个阴影区，遮挡体的外壳也会在阴影接收面上投射出一个更大的阴影区。Parker 等[28]把遮挡体自身产生的阴影当成本影，把遮挡体外壳产生的阴影中除遮挡体自身产生的阴影之外的区域当成半影。Parker 等的算法在光线跟踪框架中实现，半影计算实质上是为半影区中的可视场景点生成一个光照衰减系数，从本影外边缘到半影外边缘，光照衰减系数从 0 变化到 1（光照衰减系数为 0 表示直接光照完全被遮挡）。当三维场景中存在大量遮挡体时，Parker 等的算法要花费大量时间来为遮挡体加外壳，并测试光线与遮挡体外壳是否相交，以便计算半影区的光照衰减系数，因此，该算法难以支持交互式应用。与此不同，Brabec 和 Seidel 的算法直接处理采样数据，计算效率比 Parker 等的算法高。

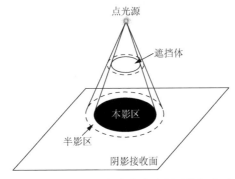

图 4-20　通过给遮挡体加壳产生半影区的概念示意图

　　Brabec 和 Seidel 的算法也需执行两遍绘制。第一遍绘制把相机移到点光源位置处，按照原始阴影映射算法的方式生成阴影图（也称为深度图）；第二遍把相机移到视点位置，按正常模式绘制三维场景，并计算每个可视场景点的直接光照衰减系数，以此来调制不考虑遮挡时的可视场景点直接光照值，从而绘制出柔和阴影效果。

　　如图 4-21 所示，假设在创建阴影图时，相机位于 u-v-w 坐标系的原点，相机正前方向为 w 轴正方向。假设视点在 x-y-z 坐标系的原点，在第二遍绘制时，相机正前方向为 z 轴正方向。三维场景中的可视场景点 p 对应视平面上的像素 e。为了计算点 p 的直接光照衰减系数，需把点 p 变换到光源坐标系中。点 p 与光源的连线穿过阴影图的像素 s，如果 p_w 大于像素 s 存储的深度值（p_w 为点 p 的 w 分量值），则表明点 p 在本影区中（点 p 的直接光照衰减系数为 0），否则点 p 在本影区之外，需进一步计算点 p 的直接光照衰减系数。当点 p 在本影区之外时，在阴影图中以像素 s 为中心按逐步增加搜索半径的方式寻找深度值小于 p_w 的像素，直到搜索半径达到 r_{max} 为止。如果找到满足条件的像素，则根据该像素到像素 s 的距离及 r_{max} 的值来计算点 p 的直接光照衰减系数。上述计算过程可以写为算法 4.3 所示步骤。

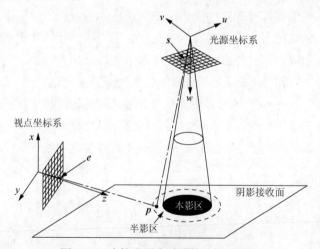

图 4-21　直接光照衰减系数计算示意图

算法 4.3：Brabec 和 Seidel 的基本柔和阴影绘制算法
令 $p = (p_x, p_y, p_z)$；
把点 p 变换到光源坐标系得到 $p' = (p_u, p_v, p_w)$；
计算点 p' 与光源的连线穿过的阴影图像素 s；
if（像素 s 存储的深度值小于 p_w）{

　　　　　令 $f = 0$;

　　}

else {

　　$f = \text{Search}(\boldsymbol{s}, p_w)$;

}

计算不考虑遮挡时，点 $\boldsymbol{p}$ 的直接光照 I_d;

点 $\boldsymbol{p}$ 的光照等于 $f \times I_d$。

算法 4.4：直接光照衰减系数计算方法

$\text{Search}(\boldsymbol{s}, p_w)$ {

令 $f = 1$;

令 $r = 0$;

$r_{\max} = r_{\text{scale}} \times |\, p_w \,| + r_{\text{bias}}$;

while $(r < r_{\max})$ {

　　if (在阴影图的以像素 $\boldsymbol{s}$ 为中心、半径为 r 的圆形范围内存在一个深度值小于 p_w 的像素 $\boldsymbol{s}'$){

　　　　　$r_{\max} = r_{\max} \times r_{\text{shrink}} \times (\, p_w - d_{s'})$;

　　　　　$f = \max(\min(r / r_{\max}, 1), 0)$;

　　　　　跳出循环;

　　}

　　else {

　　　　增加 r 的值;

　　}

}

返回 f;

}

　　在算法 4.4 中，$d_{s'}$ 表示阴影图像素 $\boldsymbol{s}'$ 存储的深度值，r_{scale}、r_{bias} 和 r_{shrink} 为算法的三个控制参数。对于真实三维场景中的柔和阴影来说，除了光源本身的大小之外，决定半影区大小的两个重要因素是遮挡体到阴影接收体的距离和阴影接收体到光源的距离。很明显，遮挡体离阴影接收体越近，阴影边缘会越清晰；当遮挡体位置固定时，阴影接收体离光源越远，半影区通常越大。为了在计算半影时将上述两个因素纳入考虑之中，Brabec 和 Seidel 根据可视场景点到光源的距离来调整 $r_{\max}$。算法 4.4 通过控制 $r_{\max}$ 的值来控制半影区的大小，可以看出 $r_{\max}$ 越大，半影区越大。在实际三维场景中，如果光源足够大，或者遮挡体离阴影接收体足够远，有可能在阴影接收体上形成的阴影根本就没有真正意义上的本影区，所有阴影都属于半影（即从阴影区域中的场景点能部分地看到光源）。前面的算法实际上只是在图 4-20 和图 4-21 中的本影区之外附加一个半影区，因此，前面的算法不能绘制出本影区缩小的柔和阴影。Brabec 和 Seidel 对前面的算法进行了改进，设计出算法 4.5 和算法 4.6，可以将半影区扩展到图 4-20 和图 4-21 所示的本影区中。

算法 4.5：Brabec 和 Seidel 的改进柔和阴影绘制算法

令 $\boldsymbol{p} = (p_x, p_y, p_z)$；

把点 $\boldsymbol{p}$ 变换到光源坐标系得到 $\boldsymbol{p}' = (p_u, p_v, p_w)$；

$p_{id} = \text{id\_camera}(p_x, p_y)$；

if (shadow_map$(p_u, p_v) < p_w$) {

　　$tag = 1$；

} else {

　　$tag = 0$；

}

计算点 $\boldsymbol{p}'$ 与光源的连线穿过的阴影图像素 $\boldsymbol{s}$；

$f = \text{search}(\boldsymbol{s}, p_w, tag, p_{id})$；

计算不考虑遮挡时，点 $\boldsymbol{p}$ 的直接光照 I_d；

点 $\boldsymbol{p}$ 的光照等于 $f \times I_d$。

算法 4.6：直接光照衰减系数改进算法

Search$(\boldsymbol{s}, p_w, tag, p_{id})$ {

令 $r = 0$；

$r_{\max} = r_{\text{scale}} \times |p_w| + r_{\text{bias}}$；

while$(r < r_{\max})$ {

　if $(tag = 1)$ {

　　　if (在阴影图的以像素 $\boldsymbol{s}$ 为中心、半径为 r 的圆形范围内存在一个深度值大于或者等于 p_w 的像素 $\boldsymbol{s}'$，且 id_light$(s'_u, s'_v) = p_{id}$) {

　　　　　$r_{\max} = r_{\max} \times r_{\text{shrink}} \times (\text{shadow\_map}(s'_u, s'_v) - p_w)$；

　　　　　返回 $f = 0.5 \times \max(\min(r/r_{\max}, 1), 0)$；

　　　}

　}

　else {

　　　if (在阴影图的以像素 $\boldsymbol{s}$ 为中心、半径为 r 的圆形范围内存在一个深度值小于 p_w 的像素 $\boldsymbol{s}'$，且 id_light$(s'_u, s'_v) \neq p_{id}$) {

　　　　　$r_{\max} = r_{\max} \times r_{\text{shrink}} \times (p_w - \text{shadow\_map}(s'_u, s'_v))$；

　　　　　返回 $f = 1 - 0.5 \times \max(\min(r/r_{\max}, 1), 0)$；

　　　}

```
    }
    增加 r 的值;
}
返回 f = (tag+1)%2;  // "%" 表示求模运算
}
```

在算法 4.5 和算法 4.6 中,id_camera 和 id_light 分别是相机位于视点和光源位置绘制三维场景时,记录的可视场景点所属几何对象的 id 号。Brabec 和 Seidel 为了避免在搜索时出现伪遮挡,在绘制场景前把场景中的所有几何面片分成不同的分组,并为每个分组指定一个 id 号。通常是把同一个几何对象的所有面片放在同一个分组中,把不同几何对象的面片放在不同的分组中。shadow_map 表示相机位于光源位置时绘制出的阴影图。id_camera(p_x, p_y)表示根据可视场景点的 x 和 y 坐标查询 id_camera 中记录的面片 id 号。id_light(s'_u, s'_v)表示根据像素 s' 的位置查询 id_light 中记录的面片 id 号。shadow_map(p_u, p_v)表示根据可视场景点的 u 和 v 坐标查询 shadow_map 中存储的深度值。

参 考 文 献

[1] Hasenfratz J-M, Lapierre M, Holzschuch N, et al. A survey of real-time soft shadows algorithms. Computer Graphics Forum, 2003, 22(4): 753-774.

[2] 陈纯毅, 杨华民, 李文辉, 等. 基于环境遮挡掩码的物理正确柔和阴影绘制算法. 吉林大学学报(工学版), 2012, 42(4): 971-978.

[3] Ren Z, Wang R, Snyder J, et al. Real-time soft shadows in dynamic scenes using spherical harmonic exponentiation. ACM Transactions on Graphics, 2006, 25(3): 977-986.

[4] Eisemann E, Assarsson U, Schwarz M, et al. Casting Shadows in Real Time. Proceedings of ACM SIGGRAPH Asia 2009 Course, Singapore, 2009: 21.

[5] Cook R, Porter T, Carpenter L. Distributed ray tracing. Computer Graphics, 1984, 18(3): 137-144.

[6] Benthin C, Wald I. Efficient Ray Traced Soft Shadows Using Multi-Frusta Tracing. Proceedings of the Conference on High Performance Graphics, New Orleans, 2009: 135-144.

[7] Lehtinen J, Laine S, Aila T. An improved physically-based soft shadow volume algorithm. Computer Graphics Forum, 2006, 25(3): 303-312.

[8] Laine S, Aila T, Assarsson U. Soft shadow volumes for ray tracing. ACM Transactions on Graphics, 2005, 24 (3): 1156-1165.

[9] Arvo J, Dutre P, Keller A, et al. Monte Carlo Ray Tracing. Proceedings of ACM SIGGRAPH 2003 Course, San Diego, 2003: 44.

[10] Veach E. Robust Monte Carlo methods for light transport simulation. Palo Alto: Ph. D Dissertation of Stanford University, 1997.

[11] Laine S, Karras T. Two methods for fast ray-cast ambient occlusion. Computer Graphics Forum, 2010, 29(4): 1325-1333.

[12] McGuire M. Ambient Occlusion Volumes. Proceedings of the Conference on High

Performance Graphics, Saarbrucken, 2010: 47-56.

[13] 过洁, 徐晓旸, 潘金贵. 基于阴影图的阴影生成算法研究现状. 计算机辅助设计与图形学学报, 2010, 22(4): 579-591.

[14] Yang B, Dong Z, Feng J, et al. Variance soft shadow mapping. Computer Graphics Forum, 2010, 29(7): 2127-2134.

[15] Sintorn E, Eisemann E, Assarsson U. Sample based visibility for soft shadows using alias-free shadow maps. Computer Graphics Forum, 2008, 27 (4): 1285-1292.

[16] Nguyen K T, Jang H, Han J. Layered occlusion map for soft shadow generation. Visual Computer, 2010, 26(12): 1497-1512.

[17] Yang B, Feng J, Guennebaud G, et al. Packet-based hierarchal soft shadow mapping. Computer Graphics Forum, 2009, 28(4): 1121-1130.

[18] Assarsson U, Akenine-Möller T. A Geometry-based soft shadow volume algorithm using graphics hardware. ACM Transactions on Graphics, 2003, 22 (3): 511-520.

[19] Schneider P J, Eberly D H. Geometric Tools for Computer Graphics. San Fransisco: Morgan Kaufmann Publishers, 2002.

[20] Kautz J, Lehtinen J, Aila T. Hemispherical Rasterization for Self-Shadowing of Dynamic Objects. Proceedings of the Fifteenth Eurographics Conference on Rendering Techniques, Norrkping, 2004: 179-184.

[21] Akenine-Möller T, Assarsson U. Approximate Soft Shadows on Arbitrary Surfaces Using Penumbra Wedges. Proceedings of 13th Eurographics Workshop on Rendering, Pisa, 2002: 297-306.

[22] Markosian L, Kowalski M A, Trychin S J, et al. Real-Time Nonphotorealistic Rendering. Proceedings of ACM SIGGRAPH' 97, Los Angeles, 1997: 415-420.

[23] Atty L, Holzschuch N, Lapierre M, et al. Soft shadow maps: efficient sampling of light source visibility. Computer Graphics Forum, 2006, 25(4): 725-741.

[24] Reeves W T, Salesin D H, Cook R L. Rendering Antialiased Shadows with Depth Maps. Proceedings of the 14th Annual Conference on Computer Graphics and Interactive Techniques, Los Angeles, 1987: 283-291.

[25] Annen T, Mertens T, Bekaert P, et al. Convolution Shadow Maps. Proceedings of Eurographics Symposium on Rendering, Grenoble, 2007: 51-60.

[26] Donnelly W, Lauritzen A. Variance Shadow Maps. Proceedings of the 2006 Symposium on Interactive 3D Graphics and Games, Redwood City, 2006: 161-165.

[27] Brabec S, Seidel H. Single Sample Soft Shadows Using Depth Maps. Proceedings of Graphics Interface, Calgary, 2002: 219-228.

[28] Parker S, Shirley P, Smits B. Single sample soft shadows. Technical Report UUCS-98-019, University of Utah, 1998. http://artis.imag.fr/Members/Cyril.Soler/DEA/Ombres/Papers/Parker.pdf[2016-11-1].

第5章　基于光线跟踪的真实感三维场景绘制

除了基于光栅化图形绘制管线的三维图形绘制技术外，光线跟踪是另一种重要的三维场景绘制方法。光线跟踪最早由 Appel 提出[1]，其通过跟踪光线传播来实现三维场景的各种光照传输模拟与可见性计算。具体地说，光线跟踪通过计算从相机发射的穿过虚拟屏幕像素的光线与三维场景几何对象的交点，来确定从相机直接可见的可视场景点；光线跟踪通过从可视场景点向光源投射光线，并判断光线是否与三维场景中的几何对象相交，来确定可视场景点的光源可见性，以便实现阴影计算。在早期，光线跟踪主要在动画电影渲染这样的离线绘制应用中使用[2]。近年来，不少研究者也尝试在三维电脑游戏、互动虚拟现实等交互式应用中使用光线跟踪技术。学术界对光线跟踪的研究主要集中在场景加速结构创建与更新、光线遍历方法、光线-几何图元求交、光线采样、并行化设计等方面[3-10]。

5.1　光线跟踪基本概念

5.1.1　光线跟踪基本流程

这里首先用一种形象的解释方法来说明光线跟踪的基本思想。当人坐在计算机前观察虚拟场景时，在显示器屏幕上会显示三维场景画面。绘制三维场景画面本质上是计算显示器的每个像素的颜色值。可以把显示器看成是人观察虚拟三维场景的一个窗口，且人只能通过这个窗口来观察虚拟三维世界。在显示器后面的虚拟三维世界中包含各种不同的几何物体。可以用一个人站在安装了纱网的窗口前观察房间里的物品陈设，来比拟前述人通过显示器观察虚拟三维场景的情景，纱网的每个网格就是一个像素，只要确定了透过每个纱网网格的光线颜色，就确定了人眼观察到的房内场景画面。为了确定透过纱网网格进入人眼的光线颜色，可以从人眼向每个纱网网格发射光线，跟踪这些光线进入房间后的传播路径，找到光线传播路径与三维场景几何对象的交点，实际上人眼看到的颜色就是从这些交点出射后经传播进入人眼的光线的颜色。

光线跟踪能绘制出三维场景的全局光照效果，生成照片级真实感三维场景画面，是目前的主流绘制技术之一。光线跟踪算法首先从视点发射一系列光线，穿过虚拟屏幕中的各个像素，进入三维虚拟场景空间，然后跟踪这些光线在三维虚拟场景中的传播过程，记录光线传播路径与几何物体的交点，并跟踪光线的反（折）射过程，直到达到某一结束条件为止。在跟踪光线传播的过程中，算法同时累加从光线传播路径与几何物体的所有交点处出射的能沿光线路径传到虚拟屏幕像素的直接光照值，将最后的累加和作为对应的全局光照计算结果。

在进行光线跟踪时，首先需要判断光线是否与三维虚拟场景的某个物体表面相交，如相交则需进一步计算出离光线起点最近的交点位置，并在此交点位置处生成衍生光线进行递归跟踪，通常称判断光线-物体表面是否相交的过程为求交测试。由于光线跟踪算法往往需要处理大量的光线，求交测试的计算量非常大。在计算光线-物体表面相交点处的直接光照值时，光线跟踪算法还需要判断交点是否处于其他物体投射的阴影之中，如果处于阴影中，则该交点处的直接光照值为0，这一计算过程通常称为阴影测试。在阴影测试过程中，光线跟踪算法首先从交点向光源发射一条阴影测试光线（实际上阴影测试光线是一条线段，其起点在交点位置，终点在光源位置），然后利用求交测试过程判断该阴影测试光线是否与三维虚拟场景中的某个物体对象相交，如果相交则表明前述交点处于阴影之中。随着光线跟踪递归深度的不断增加，阴影测试计算量也变得非常可观。当然，与普通光线不同，只要发现阴影测试光线与三维场景的某个物体相交，就无需再进一步判断阴影测试光线是否还与其他几何物体相交。

在光线跟踪算法中，光线的递归跟踪终止条件包括[6]：①光线在三维场景中传播时未碰到任何几何物体；②光线在三维场景中经过多次反（折）射后，亮度已经小于某个阈值；③光线在三维场景中反（折）射次数大于设定的跟踪深度。如图 5-1 所示，从视点 E 向虚拟屏幕上的像素 P_1 和 P_2 发射主光线，光线 EP_2 不与三维虚拟场景中的任何物体对象相交，因此满足终止条件①，将不再为光线 EP_2 产生衍生光线进行递归跟踪。光线 EP_1 与三维虚拟场景的"跑步者"相交，其交点位置为 A，因此需从 A 点发射反射光线 AB。为了测试 A 点是否处于阴影之中，还需从 A 点向光源 L 发射阴影测试光线 AL，用求交测试操作可判断出阴影测试光线 AL 与三维虚拟场景中的"跑步者"的右手臂相交，因此点 A 处于阴影之中，其直接光照值为0。按照上述过程递归跟踪光线 AB，可最终求出从 A 点入射到视点 E 的全局光照值。基于最基本的光线跟踪算法绘制三维虚拟场景的流程如算法 5.1～算法 5.3 所示[7]。

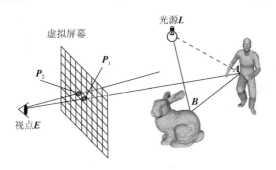

图 5-1　光线跟踪原理示意图

算法 5.1：三维虚拟场景的图像画面绘制流程

[*Img*] ← Render(*Camera*)

　　根据相机参数 *Camera* 计算虚拟屏幕 *Screen* 的位置及大小；

　　foreach 像素 *P* **in** 虚拟屏幕 *Screen* {

　　　　从视点 *E* 发射一条穿过像素 *P* 的主光线 *Ray*；// 视点 *E* 由相机参数 *Camera* 确定

　　　　Ray.depth ← 0；

　　　　Img[像素 *P*] ← Tracy(*Ray*)；

　　}

算法 5.2：基本的光线跟踪流程

[*Color*] ← TraceRay(*Ray*)

　　if (*Ray*.depth > MaxTracingDepth) {

　　　　Color ← 0；

　　}**else** {

　　　　if (光线 *Ray* 与三维虚拟场景中的某个物体相交) {

　　　　　　计算离光线 *Ray* 的起点最近的交点位置 *S* 及其表面法向量 *N*；

　　　　　　Color ← Shade(*S*, *N*, *Ray*)；

　　　　} **else** {

　　　　　　if (*Ray*.depth = 0) {

　　　　　　　　Color ← 背景色；

　　　　　　} **else** {

　　　　　　　　Color ← 0；

　　　　　　}

　　　　}

　　}

算法 5.3：局部光照计算与光线递归跟踪流程

[*Color*] ← Shade(*S*, *N*, *Ray*)

$Color \leftarrow 0$

foreach 光源 L {

　　对于光源 L，测试点 S 是否在阴影之中；

　　if (点 S 不在阴影之中) {

　　使用局部光照模型计算在点 S 处的局部光照值 $LocalColor$；

　　$Color \leftarrow Color + LocalColor$；

　　}

if (点 S 所在表面为不透明镜面) {

　　确定点 S 所在表面的镜面反射系数 K_s；

　　计算光线 Ray 在点 S 处的反射光线方向 $\boldsymbol{D}_r$；

　　以 S 为起点、$\boldsymbol{D}_r$ 为方向创建一条新光线 R_n；

　　$R_n.\text{depth} \leftarrow Ray.\text{depth} + 1$；

　　$RefColor \leftarrow \text{TraceRay}(R_n)$；

　　$Color \leftarrow Color + RefColor \times K_s$；

　　}

if (点 S 所在表面为透明镜面) {

　　确定点 S 所在表面的镜面透射系数 K_t；

　　计算光线 Ray 在点 S 处的折射光线方向 $\boldsymbol{D}_t$；

　　以 S 为起点、$\boldsymbol{D}_t$ 为方向创建一条新光线 R_n；

　　$R_n.\text{depth} \leftarrow Ray.\text{depth} + 1$；

　　$TranColor \leftarrow \text{TraceRay}(R_n)$；

　　$Color \leftarrow Color + TranColor \times K_t$；

　　}

值得指出的是，按照表 3-1 的描述方法，可以发现算法 5.1～算法 5.3 只能处理 $L(S^*|(DS^*))E$ 类型的光线传播路径。所以，它们不能绘制出光线从漫反射表面到漫反射表面形成的颜色渗透效果。要使上述基本光线跟踪算法能够绘制颜色渗透效果，在光线递归时，需要为漫反射表面也生成衍生光线。为了实现这一目的，只需在算法 5.3 的衍生光线生成部分稍作扩充。因此，光线跟踪算法框架的结构灵活、可扩展性好，可以很容易地处理各种不同的光线传播路径，实现全局光照效果的绘制。

5.1.2　光线与几何图元间的求交

在真实感三维场景绘制中，如 2.1 节所述，算法最终处理的三维虚拟场景模型通常由最基本的三角形面片组成。对光线和物体进行求交测试，实际上就是判断光线与三维虚拟场景中的三角形面片是否相交。光线在数学上可以被建模为一条射线，用如下方程来表示：

$$R = O + V \cdot t \qquad (5\text{-}1)$$

式中，R 表示光线上的任意一点；O 为光线的起点；V 为光线的方向向量；t 为光线方程的光线参数，不同的 t 代表了光线上距起点不同距离的点。测试光线是否与三角形面片相交，可以分为两步：第一步判断光线与三角形所在平面是否相交，如果相交，则继续执行第二步，即进一步判断交点是否在三角形内。在数学上，一个平面可以用其法向量 N 及平面上的一点 P_i 来描述，相应的平面方程可写为[8]

$$N \cdot (X - P_i) = 0 \qquad (5\text{-}2)$$

式中，X 表示平面上任意一点。将式（5-1）和式（5-2）联立求解得

$$N \cdot (O + V \cdot t_p - P_i) = 0 \qquad (5\text{-}3)$$

对上式作数学变换可得[8]

$$t_p = \frac{N \cdot (P_i - O)}{N \cdot V} \qquad (5\text{-}4)$$

如果 $t_p < 0$，则表明交点位于光线反方向，认为光线与平面不相交；如果 $t_p = 0$，则表明交点就在光线的起点位置；如果 $t_p > 0$，则表明光线与平面相交，交点位置 $S = O + V \cdot t_p$。当通过测试发现光线确实与三角形所在平面相交后，还需要进一步判断光线与三角形的交点是否位于三角形之内。如图 5-2 所示，三角形的三个顶点为 P_{i+1}、P_{i+2}、P_{i+3}，假设 S_1 和 S_2 是两条光线与三角形所在平面的两个交点。可用如下方法判断 S_1 和 S_2 是否在三角形之内：判断由交点和三角形的三个顶点确定的三个三角形的面积之和是否大于原三角形面积，如果是，则表明交点位于三角形之外。对于交点 S_1，可以确定三角形 $P_{i+1}P_{i+2}S_1$、三角形 $P_{i+1}P_{i+3}S_1$ 和三角形 $P_{i+2}P_{i+3}S_1$，如果以下不等式成立，则表明交点 S_1 在三角形之外：

$$\frac{1}{2}\left(\|v_1 \times v_2\| + \|v_1 \times v_3\| + \|v_2 \times v_3\|\right) > \frac{1}{2}\|e_1 \times e_2\| \qquad (5\text{-}5)$$

式中，向量 v_1、v_2、v_3、e_1、e_2 可写为

$$v_1 = P_{i+1} - S_1 \qquad (5\text{-}6)$$

$$v_2 = P_{i+2} - S_1 \qquad (5\text{-}7)$$

$$v_3 = P_{i+3} - S_1 \qquad (5\text{-}8)$$

$$e_1 = P_{i+2} - P_{i+1} \qquad (5\text{-}9)$$

$$e_1 = P_{i+3} - P_{i+1} \qquad (5\text{-}10)$$

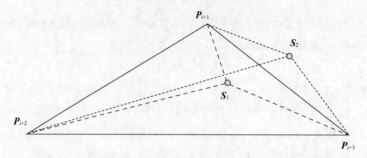

图 5-2　判断光线与三角形所在平面的交点是否在三角形内

式（5-5）所示的判断准则在概念上很容易理解，但是要执行 4 次向量叉乘运算。如图 5-3 所示，P_{i+1}、P_{i+2}、P_{i+3} 为三角形的三个顶点，以 O 为起点、V 为方向的光线与三角形所在平面的交点为 S，为了判断点 S 是否在三角形 $P_{i+1}P_{i+2}P_{i+3}$ 之内，可测试如下不等式是否成立[8]：

$$[(P_{i+1} - O) \times (P_{i+2} - O)] \cdot V < 0 \qquad (5\text{-}11)$$

$$[(P_{i+2} - O) \times (P_{i+3} - O)] \cdot V < 0 \qquad (5\text{-}12)$$

$$[(P_{i+3} - O) \times (P_{i+1} - O)] \cdot V < 0 \qquad (5\text{-}13)$$

如果式（5-11）～式（5-13）都成立，则交点 S 在三角形之内，否则不在三角形之内。式（5-11）～式（5-13）所示准则只需执行 3 次向量叉乘运算，因此，比式（5-5）所示判断准则的计算效率高。

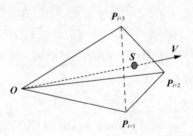

图 5-3　判断光线与三角形所在平面的交点是否在三角形内

通常一个三维场景模型会包含大量的三角形面片。在光线跟踪中，为了提高光线与场景几何对象求交的效率，通常需要将三维场景模型的几何面片按一定的规则进行组织，形成场景的空间加速结构。例如，常见的 KD-tree 和 BVH 加速结构[3,9,10]就是为了使用包围盒技术来减少光线求交测试的次数。场景空间加速结构的基本思想是，用球面和长方体这类简单的包围体来包裹复杂的三维场景几何对象，在测试光线是否与三维几何对象相交时，首先测试光线与包围体是否相交，如果相交，再进一步测试光线与包围体中的几何对象是否相交，否则光线与包围体中的几何对象无交，无需进一步测试。因此，光线与球面或者长方体之间的求交测试也是光线跟踪中的一种基本运算。代数解法是光线与球面求交运算的一种直接求解方法[6]。在三维空间中，一个球面可以用如下方程来表示：

$$\| \boldsymbol{X} - \boldsymbol{C} \| = r \tag{5-14}$$

式中，$\boldsymbol{X}$ 表示球面上任意一点；$\boldsymbol{C}$ 表示球心；r 为球面半径。将式（5-1）和式（5-14）联立可得

$$\| \boldsymbol{O} + \boldsymbol{V} \cdot t_p - \boldsymbol{C} \| = r \tag{5-15}$$

上式可以化简为如下一元二次方程[6]：

$$\alpha t_p^2 + \beta t_p + \gamma = 0 \tag{5-16}$$

式中，

$$\alpha = \boldsymbol{V} \cdot \boldsymbol{V} \tag{5-17}$$

$$\beta = 2\boldsymbol{V} \cdot (\boldsymbol{O} - \boldsymbol{C}) \tag{5-18}$$

$$\gamma = \| \boldsymbol{O} - \boldsymbol{C} \|^2 - r^2 \tag{5-19}$$

显然，只有当 $\beta^2 - 4\alpha\gamma \geqslant 0$ 时，光线才有可能与球面相交，此时式（5-16）的解为

$$t_p = \frac{-\beta \pm \sqrt{\beta^2 - 4\alpha\gamma}}{2\alpha} \tag{5-20}$$

由于光线实际上是射线，光线与球面相交还要求 $t_p \geqslant 0$。

长方体为一个六面体，包括三对平行平面，各对平行平面两两垂直。在光线跟踪中，创建场景加速结构时使用的长方体包围盒通常都是轴对齐包围盒，即包围盒的各个侧面都与某个坐标轴平行。如图 5-4 所示，轴对齐包围盒可以用两个点，即点 $A(x_1, y_1, z_1)$ 和点 $B(x_2, y_2, z_2)$ 来确定。包围盒的前表面可表示为 $x = x_2$，后表面可表示为 $x = x_1$，左侧面可表示为 $y = y_1$，右侧面可表示为 $y = y_2$，上表面可表示为 $z = z_2$，下表面可表示为 $z = z_1$。假设光线方程用式（5-1）描述，光线与长方体间的求交算法如算法 5.4 所示[11]。

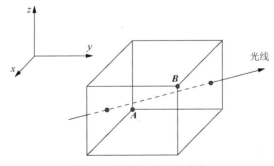

图 5-4　光线与长方体求交

算法 5.4：光线与长方体间的求交运算

TestRayIntersectBox(O, V, A, B) {

  if ($V_x > 0$) {

    计算光线 $R = O + V \cdot t$ 与平面 $x = x_1$ 的交点 S;

    tag = TestIntersectionWithinFace $(S_y, S_z, y_1, y_2, z_1, z_2)$;

    if ($tag = 1$) {

      返回交点 S;

    }

  }

  if ($V_x < 0$) {

    计算光线 $R = O + V \cdot t$ 与平面 $x = x_2$ 的交点 S;

    tag = TestIntersectionWithinFace $(S_y, S_z, y_1, y_2, z_1, z_2)$;

    if ($tag = 1$) {

      返回交点 S;

    }

  }

  if ($V_y > 0$) {

    计算光线 $R = O + V \cdot t$ 与平面 $y = y_1$ 的交点 S;

    tag = TestIntersectionWithinFace $(S_x, S_z, x_1, x_2, z_1, z_2)$;

    if ($tag = 1$) {

      返回交点 S;

    }

  }

  if ($V_y < 0$) {

    计算光线 $R = O + V \cdot t$ 与平面 $y = y_2$ 的交点 S;

    tag = TestIntersectionWithinFace $(S_x, S_z, x_1, x_2, z_1, z_2)$;

    if ($tag = 1$) {

      返回交点 S;

    }

  }

  if ($V_z > 0$) {

    计算光线 $R = O + V \cdot t$ 与平面 $z = z_1$ 的交点 S;

    tag = TestIntersectionWithinFace $(S_x, S_y, x_1, x_2, y_1, y_2)$;

    if ($tag = 1$) {

```
            返回交点 S;
        }
    }
    if (V_z < 0) {
        计算光线 R = O + V·t 与平面 z = z_2 的交点 S;
        tag = TestIntersectionWithinFace(S_x, S_y, x_1, x_2, y_1, y_2);
        if (tag = 1) {
            返回交点 S;
        }
    }
    返回 "无交点";
}
```

算法 5.5：交点是否在长方体侧面内的判断算法

```
TestIntersectionWithinFace(a, b, r_1, r_2, r_3, r_4) {
    if (r_1 ≤ a ≤ r_2 且 r_3 ≤ b ≤ r_4) {
        返回 1;
    } else {
        返回 0;
    }
}
```

在算法 5.4 中，V_x、V_y、V_z 为向量 V 的三个坐标分量；S_x、S_y、S_z 为交点 S 的三个坐标分量。

5.1.3　加速光线跟踪计算的思路

虽然光线跟踪的基本思想很简单，但是原始光线跟踪算法的执行效率很低，导致绘制三维场景的时间代价太高。为了解决这个问题，人们从不同的角度出发，设计出不同的光线跟踪加速方法，如图 5-5 所示[7]。为了加快光线跟踪计算速度，可以采取降低光线求交测试的平均代价、减少总的光线求交测试次数、将光线概念扩展为更加一般的实体等途径。

光线跟踪的一项基本操作是测试光线与三维场景中的图元是否有交，如果有交则进一步求解交点位置。复杂的三维场景可能包含几十万个甚至更多的基本几何图元（例如三角形），如果直接测试光线与每个图元是否相交，则每条光线都需要执行几十万次甚至更多的光线与几何图元间的求交测试计算。为了绘制一幅三维场景画面，需要产生大量的光线，因此，提高光线与几何图元间的求交测试效率能够显著地加快光线跟踪计算的速度。Möller 和 Trumbore[12]为了加快光线与三

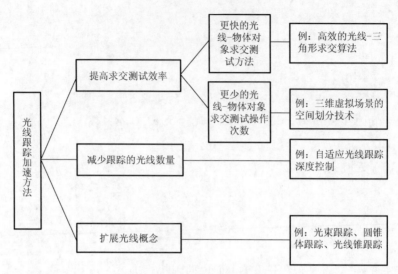

图 5-5　光线跟踪加速方法的分类

角形间的求交测试效率，通过对光线起点进行平移操作，设计出更快的光线与三角形间的求交测试算法。Shevtsov 等[13]提出利用现代 CPU（central processing unit）提供的 SIMD（single intruction multiple data，单指令多数据）计算能力，来同时对多条光线进行求交测试，该方法实际上是利用并行计算技术来加速光线与三角形间的求交测试效率。

除了设计更高的光线与几何图元间的求交算法外，还可以对三维场景的几何图元按空间区域进行分组，并使用包围体包裹不同空间区域内的分组。在进行光线与场景几何图元间的求交计算时，如前一小节所述，先测试光线与包围体是否相交，如果不相交，则表明光线肯定不会与包围体内的图元相交。使用这种方法可以快速排除那些不会与光线相交的几何图元，从而减少光线与几何图元间的求交测试次数。为了获得上述加速效果，必须使用三维场景空间划分技术来创建三维场景的空间加速结构。使用不同的空间划分策略，可以得到不同的场景加速结构。在光线跟踪中常用的场景加速结构有 KD-tree[10]、空间网格（grids）[14]和层次包围盒（bounding volume hierarchy，BVH）[9,15]。通常 KD-tree 的光线遍历效率最高，但其创建代价也最大；grids 最容易创建，但光线穿越空白单元的效率太低；BVH 较好地实现了在创建代价和光线遍历效率两者之间的折中，而且比 KD-tree 更容易根据场景的变化进行增量式更新，从而避免每帧全部重建[15]。因此，一般认为 BVH 更适合于动态场景光线跟踪。

基本的光线跟踪算法必须满足 5.1.1 小节提到的三个终止条件才能结束递归计算。实际上，对于许多三维虚拟场景，绘制画面中的各个像素并不需要很深的光线递归深度，光线反（折）射次数可以根据光线所经过的三维空间区域的性质来自适应地控制。基于光线树的光线递归深度自适应控制方法[16]首先估计一条光线对像素亮度增量的贡献，如果贡献低于某一预期的阈值，则停止对该光线的递归跟踪。该方法的基本着眼点是，避免花费时间去跟踪那些对最终结果影响很小的光线，从而节省光线跟踪的计算时间。当然，在某些特殊的情形下，该方法有时也会导致明显的计算误差，例如，虽然一条不用递归跟踪的光线对像素的亮度影响很小，但是如果存在大量独立的这类光线对像素亮度产生贡献，其总和可能变得不可忽略。

在光线跟踪中，由于用无限细的光线传播来表示光照传输，对光线的离散采样可能导致绘制的画面出现走样。为了实现反走样，在绘制场景时，需要为每个像素生成并跟踪大量的光线。充分利用相邻光线之间的空间相关性，可以提高实现光线跟踪反走样的速度。光束跟踪[17]、圆锥体跟踪[18]、光线锥跟踪[19]等算法就是为解决这一问题而提出来的。在这些算法中，光线不再是一条射线，而是被扩展成为由一系列光线组成的光束体，跟踪这些光束体的传播，可实现同时跟踪多条光线的目的。在实现这些算法时，往往需要附加一些限制，例如，限定几何图元的类型，或者需要使用近似求交测试计算等。当然，这些算法的执行效率和反走样效果通常比基本的光线跟踪算法好，另外还可能会支持柔和阴影等特殊效果的生成。Boulos 等[20]又讨论了基于光线包的光线跟踪算法，并分析了其在处理二次光线时的效率。

5.2　光线跟踪抗失真

前面已经提到过，基本光线跟踪算法使用光线传播来模拟光照传输。虽然使用光线概念可使光线跟踪算法的实现变得更简单、更通用，但是这也导致利用光线跟踪绘制出的画面容易产生失真。本节简要讨论一下光线跟踪抗失真问题。

5.2.1　产生光线跟踪失真的原因

光线跟踪产生失真的根本原因是，在绘制过程中对三维空间进行了离散采样。众所周知，根据奈奎斯特采样定理，为了保证采样数据不失真，要求采样频率不低于被采样信号包含的最高频率的两倍。对三维场景画面绘制来说，这一要求显得非常高。在实际绘制三维场景画面时，很难准确地分析可视场景区域包含的最高空间频率，因此，也难以用奈奎斯特采样定理来从理论上判断离散采样是否会导致失真。另外，考虑到实际计算机系统的计算能力限制，很多情况下也很难通过不断增加采样频率来彻底消除失真。

在利用光线跟踪绘制动画三维场景时，可能出现两种不同类型的失真。第一种是空间域失真，第二种是时间域失真。图 5-6 为空间域光线采样失真示意图，可以看到三维场景中的球形几何对象正好处于相邻的四条光线之间，但不与任何一条光线相交，在这种情况下，绘制出的画面不会反映出任何有关该球形几何对象的信息。很明显，出现上述采样失真是因为采样光线不够密，即光线采样的空间频率不够高。图 5-7～图 5-9 给出了一个小球在三维场景中运动的情景，其中，十字叉的交点表示视空间中的光线采样位置，实心圆表示一个小球。从图 5-7～图 5-9 中可以发现，在第 1 帧和第 3 帧画面中能够反映出小球几何对象的信息，但是第 2 帧画面中则不包含任何小球几何对象的信息。这种在不同时间点上出现的光线跟踪画面失真就是时间域失真，在视觉上表现为绘制画面闪烁，例如，小球突然出现又突然消失。

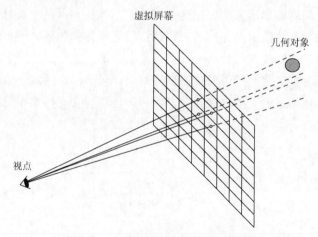

图 5-6　空间域光线采样失真示意图

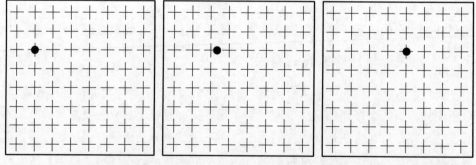

图 5-7　第 1 帧中的光线采样　　图 5-8　第 2 帧中的光线采样　　图 5-9　第 3 帧中的光线采样

从更深层次上说，光线跟踪绘制画面失真是由于计算机只能处理离散数据引起的。光线跟踪使用离散的光线采样去表示连续的空间光照传输。虽然失真从理论上讲难以避免，但是可以从不同角度去减小失真，改善绘制出的画面的视觉效果，后面将介绍一些常见的抗失真方法。

5.2.2　超采样

减小空间域失真的最直接方法是在每个像素区域内生成多条采样光线，对每条光线都进行跟踪，计算其对应的颜色，最后对每个像素的所有光线颜色求平均，用平均颜色作为像素的颜色计算结果[7]。图 5-10 给出了对像素进行光线超采样的示意图，把每个像素细分为四个子像素，从视点到每个子像素的中心可以确定一条采样光线，因此，每个像素可以产生四条采样光线。图 5-10 所示像素正好有两条采样光线能够与球形几何对象相交。通过对每个像素的所有采样光线的颜色求平均，绘制画面中将有像素的颜色能反映球形几何对象的视觉信息。相对于图 5-6 所示的单光线采样方法，使用超采样能够有效地减小空间域失真。当然，超采样方法并不能从根本上解决空间域失真问题，只能减小空间域失真程度。此外，由于需要为每个像素产生多条采样光线，光线跟踪计算开销也相应地成倍增加。因此，利用超采样方法来减小空间域失真会导致很大的计算时间开销。

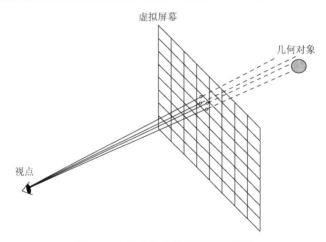

图 5-10　像素的光线超采样示意图

5.2.3　随机光线跟踪

在前述超采样方法中，采样光线还是由视点与子像素中心确定，所有采样光线位置实际上可看成是规则的均匀网格点。使用规则的均匀采样方法很容易导致图像锯齿失真。即使使用超采样方法，也只是减轻锯齿失真程度，很难完全消除失真。

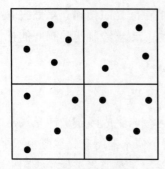

图 5-11　随机光线跟踪的光线采样示意图

随机光线跟踪[7]在为每个像素生成多条采样光线时，并不按规则均匀采样方法生成在空间上均匀分布的采样光线，而是按某一概率分布，在像素区域内随机地选取指定数目的点，据此生成采样光线，如图 5-11 所示，其中的小黑点就是光线采样点。和超采样方法类似，首先跟踪像素内各个采样光线的传播，计算其颜色结果，最后对像素内的所有采样光线的颜色求加权平均得到最终的像素颜色。由于随机光线跟踪需要按照某一概率分布来对像素区域进行采样，也称为分布光线跟踪[7]。随机光线跟踪对消除锯齿失真能取得较好的效果，但是随机采样也会引入随机噪声。然而，人眼对有规则的画面失真的敏感度高于随机噪声，因此，用随机光线跟踪方法绘制的画面的抗失真效果通常比使用超采样方法绘制的画面的抗失真效果好。

5.3　光线跟踪并行化设计

在传统上，光线跟踪算法的执行速度通常难以支持实时交互式应用。为了利用光线跟踪来绘制像三维游戏这样需要实时交互的三维场景，不少研究者探索对光线跟踪算法进行并行化设计，利用并行计算硬件来提高场景画面的绘制速度。由于光线跟踪算法的基本处理实体是光线，且从视点发射的不同光线之间相互独立，从本质上说光线跟踪具有天然的并行性，即对各条光线可以并行地执行跟踪计算。如何对光线跟踪的早期研究结果进行重新表述，设计出适合当前并行计算硬件架构的并行光线跟踪算法，是近年来真实感三维场景绘制领域的一个研究热点。

5.3.1　线索化 BVH 场景加速结构的 GPU 并行创建

到目前为止，已有不少研究者利用 GPU（graphics processing unit）来加速光线跟踪计算[21-23]。传统上光线跟踪的应用范围仅限于静态场景，直到最近伴随着并行计算技术的进步，人们才开始研究动态场景光线跟踪[24]。使用场景加速结构是提高光线跟踪效率的有效途径之一。场景加速结构的组织形式决定了光线遍历操作的工作方式。传统上，遍历 BVH 和 KD-tree 等树状加速结构需要用到堆栈，然而这在 GPU 上实现起来却存在限制。Foley 和 Sugerman[25]曾给出两种在 GPU 上实现的无栈 KD-tree 遍历算法——KD-restart 和 KD-backtrack，虽然算法的执行不需要堆栈，但是大量的冗余遍历步骤导致算法性能低下。Popov 等[26]为 KD-tree 每个结点 AABB（axis aligned bounding box）的各个侧面都加上一个链接指针，用于指向与这个侧面邻接的结点，当光线遍历加速结构时，可使用这些链接指针直接找到下一个遍历结点，从而实现无栈 KD-tree 遍历。与 KD-tree 不同，多个 BVH 结点之间可能存在空间重叠情况，所以 Popov 等的方法不能简单地用于 BVH 中。在链接层次结构的辅助下，Carr 等[22]实现了 GPU 上的无栈 BVH 遍历，但该方法需要在 CPU 上离线计算链接层次结构。

Lauterbach 等[27]研究了 GPU 上的 BVH 快速创建方法，其针对 BVH 创建速度和光线遍历效率两个不同的性能要求，提出了两种并行创建策略。第一种被称为 LBVH 算法，其目标是最小化创建时间；第二种使用近似表面积启发（surface area heuristic，SAH）准则[10]来选取结点的划分平面，按宽度优先搜索顺序迭代地并行化同层结点的创建工作，其目标是保证加速结构的质量最优。然而，Lauterbach 等的算法创建的 BVH 并不是针对无栈 BVH 遍历设计的，所以在光线遍历 BVH 时仍需使用堆栈。

Wald 等[15]针对多核 CPU 平台，首先使用网格方式或者并行分区算法对场景根结点进行粗略划分，创建若干孩子结点，然后利用多个 CPU 线程并行地划分这些孩子结点，从而创建以它们为根结点的子树。若将 Wald 等的子树并行创建思想直接用于 GPU 上的 BVH 创建算法中，则 GPU 的数据并行能力得不到充分利用。Zhou 等[10]研究了 GPU 上的 KD-tree 创建算法，为了提高数据并行度，算法包括创建大结点和创建小结点两个阶段，这一思想也将用于本节的线索化 BVH 创建中。范文山和王斌[28]提出了一种基于分区算法的快速 KD-tree 创建方法，其不使用面片的 AABB 的边界作为候选划分平面，而是对场景空间进行划分，并以划分边界作为候选划分平面，进而计算近似最小 SAH。这种方法能提高计算最小 SAH 的效率，类似的思想也可用于 BVH 创建中。

场景加速结构的创建与遍历传统上采用递归方式实现，然而，目前的 GPU 还不支持程序递归。因此，场景加速结构的高效 GPU 并行创建与遍历算法一直是人们研究的一个热点。已有的利用 GPU 加速光线跟踪的文献多是先在 CPU 上创建场景加速结构，然后再将其加载到 GPU 上进行并行光线遍历[22,23]。在交互式光线跟踪中，CPU-GPU 数据传输带宽瓶颈会影响系统性能。由于在 GPU 上实现大容量堆栈很低效，研究能支持无栈光线遍历的场景加速结构非常有意义，对场景加速结构进行线索化是实现这一要求的途径之一。本书作者曾提出一种线索化 BVH 场景加速结构的单指令多线程（single intruction multiple thread，SIMT）并行创建算法[3]，能完全在众核 GPU 上创建线索化 BVH。算法分为三个过程：第一个过程通过对几何面片运算进行数据并行化，实现上层大结点的并行创建；第二个过程对小结点划分运算进行数据并行化，实现底层小结点的并行创建；第三个过程对 BVH 包围盒结点的物理存储结构进行变换，实现包围盒结点的深度优先存储及其线索化。

5.3.1.1 单指令多线程并行计算模式

近十年来，大量研究者把 GPU 作为通用计算设备，用来加速不同应用领域中的计算任务，例如，在真实感三维场景绘制、地震预测、天气预报等应用研究中都有 GPU 的身影。相对于传统的 CPU 计算设备而言，GPU 包含许多计算内核（也被称为众核处理器），更加侧重于数据处理，而非数据缓存和流控制，能够同时处理大量数据元素，非常适合用来执行具有高度数据并行性的计算任务。GPU 通过并行地处理许多数据来获得很高的计算密度，使得 GPU 的访存延迟可以忽略不计。

为了便于开发运行在 GPU 上的并行程序，英伟达公司发布了计算统一设备架构（compute unified device architecture，CUDA），该架构包括线程组层次结构、共享存储器、栅障同步等抽象概念。使用 CUDA 并行计算架构编写程序，有利于充分发挥英伟达 GPU 的并行计算能力。图 5-12 给出了在英伟达 GPU 上执行并行处理任务的 CUDA 并行计算平台[29]。在使用 CUDA 编写运行在英伟达 GPU 上的并行处理程序时，程序员需要针对 GPU 计算设备编写专门的代码，但是程序员并不需要像传统的 CPU 多线程程序那样显示地管理 GPU 多线程。CUDA 开发工具可以和通用的 C/C++编译器兼容，因此，程序员可以混合使用 GPU 内核代码和传统的宿主机 CPU 代码。

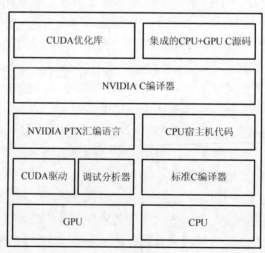

图 5-12 英伟达公司的 CUDA 并行计算平台架构

英伟达公司用 SIMT 模式实现 CUDA 并行计算，这大大降低了程序员编写

CUDA 并行计算程序的难度。单指令多线程模式类似于传统的单指令多数据（single intruction multiple data，SIMD）模式，两者的相同之处在于使用单指令来并行地操作多个数据元素，不同之处在于，SIMD 模式需向程序公开 SIMD 宽度，而 SIMT 模式允许程序员为独立的标量线程编写线程级并行代码，CUDA 会自动为程序员处理分支指令问题，不像 SIMD 那样需要程序员来管理分支指令[30]。当然，如果程序员在 SIMT 线程中编写了大量分支指令，则有可能导致并行执行的多个线程不能按相同的指令流来处理数据，进而造成程序的并行执行能力严重降低。图 5-13 给出了 CUDA 使用的单指令多线程并行计算模型[29]，其核心思想是把要处理的数据分成块并保存到片上存储器中，流式多处理器中的所有标量处理器可以共享片上存储器中的数据。当线程需要访问的数据不在片上存储器中时，线程需要访问全局存储器，在等待访存结束的时间里 CUDA 可以先暂停当前线程的执行（访存操作仍然在执行），并把当前线程放入非活动线程队列，然后执行其他就绪线程，当访存操作结束后，再把刚才放入非活动线程队列的线程放入就绪线程队列。由于 GPU 中有大量的线程组轮流地被执行，前述线程执行模式可以隐藏访问全局存储器导致的时间延迟。

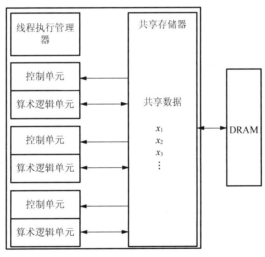

图 5-13　单指令多线程并行计算模型

　　图 5-14 给出了 Tesla 架构 GPU 的硬件模型图[30]。从图 5-14 可以看到，在 GPU 中包含多个流式多处理器，每个流式多处理器包含多个标量处理器，每个标量处理器有独立的寄存器，同一个流式多处理器的所有标量处理器共享相同的片上存储器。一个流式多处理器只有一个指令单元，因此，同一个流式多处理器的所有标量处理器只能同时执行相同的指令。所有的流式多处理器都能访问常量缓存、纹理缓存和全局设备存储器。流式多处理器的标量处理器负责执行前面提到的线

程。在用 CUDA 来编写 GPU 内核代码时，需要使用"_global_"声明限定符来修饰内核函数。另外，内核函数调用的子函数则需要用"_device_"声明限定符来修饰。与传统的运行在 CPU 上的程序不同，用"_global_"和"_device_"修饰的函数不能进行递归调用，这一点对编写运行在 GPU 上的光线跟踪程序有重要影响。

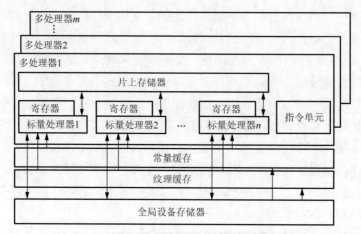

图 5-14　Tesla 架构 GPU 的硬件模型

5.3.1.2　线索化 BVH 的定义

光线遍历 BVH 的目的是，定位可能与光线相交的少数几何面片，而这些面片存放在 BVH 的叶结点中。所以，提高光线遍历效率的关键是尽快找到与光线相交的叶结点，也就是说，对 BVH 内部结点的遍历实际上是搜寻叶结点过程的额外开销。本节对 BVH 进行线索化，使得光线无论是否与当前结点相交，无栈遍历算法都可以直接定位到下一个结点，从而避免像 KD-restart 和 KD-backtrack 算法那样存在冗余结点遍历操作。本节设计的线索化 BVH 的拓扑结构如图 5-15 所示。

由图 5-15 可知，按深度优先顺序进行光线遍历，若 B 与光线有交，则会继续遍历 D 和 E，若 B 与光线无交，则会遍历 C。在图 5-15 中，每个非叶结点均有一个线索指针（虚箭头线），用于指向其与光线无交时需要遍历的下一个结点；每个叶结点也有一个线索指针，用于指向遍历该叶结点后应该遍历的下一个结点。图 5-15 中的 A、C、G 是特殊结点，若光线与它们无交，则需停止遍历，所以它们指向一个特殊的 nil 结

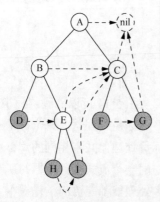

图 5-15　线索化 BVH 的拓扑结构

点，用于标识遍历结束。BVH 的拓扑结构和物理存储结构相对独立，为了提高深度优先顺序遍历过程中的访存性能，本节按图 5-16 所示的深度优先顺序存储线索化 BVH 的包围盒结点。图 5-16 中的实线箭头表示结点的左孩子指针，虚线箭头表示结点的线索指针。注意，叶结点只有虚线箭头，没有实线箭头。

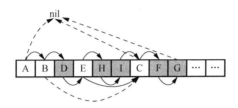

图 5-16　线索化 BVH 的物理存储结构

本节的 BVH 包围盒结点的数据结构描述如下：

```
struct BVNode {
  float aabb[6];
  union {
    unsigned int leftChildId;
    unsigned int firstTriangleId;
  }
  union {
    unsigned int rightChildId;
    unsigned int rope;
  }
  unsigned int numPrimitives;
}
```

在后面的算法中，成员变量 leftChildId 和 firstTriangleId 不会同时使用，rightChildId 和 rope 也不会同时使用，在此将它们定义为共用体。成员变量 aabb 定义了包围盒结点的 AABB。对于非叶结点，leftChildId 指向其左孩子，对于叶结点，firstTriangleId 指向其包含的第一个面片（所有面片存放在一个列表中）。在 BVH 线索化前，每个非叶结点用 rightChildId 指向其右孩子，在 BVH 线索化后，所有结点用 rope 作为线索指针。numPrimitives 存储结点包含的面片个数。

5.3.1.3　基于 SIMT 模型的线索化 BVH 并行创建

在自顶向下创建 BVH 的过程中，上层结点通常包含大量面片（本节称其为大结点），而且各结点所含面片数目可能相差较大。在创建 BVH 上层结点时，若直接对结点划分运算进行数据并行化，则会产生两个方面的问题：一方面各结点间较大的面片数目差异导致不同线程间的工作负载极不均衡；另一方面由于上层结点数目较少，造成结点划分运算的数据并行度较低，不能充分利用当前 GPU 的数据并行能力。

　　为了便于数据并行，本节按宽度优先搜索顺序创建 BVH 的包围盒结点，分为两个过程：第一个过程针对包含大量面片的上层结点，通过并行化面片测试运算来提高数据并行度，在划分结点时，当结点包含的面片数少于某一阈值时，将该结点放入小结点列表 "*smalllist*" 中，暂时不予处理；第二个过程针对小结点列表 "*smalllist*" 中的结点，由于这些结点包含的面片数目相差不大，而结点数目却非常多，所以直接并行化结点划分运算能获得很好的数据并行度。

　　通过以上两个过程创建的 BVH 包围盒结点在物理上按宽度优先顺序存储，要得到图 5-16 所示的按深度优先顺序存储的 BVH，还需要对 BVH 的物理存储结构进行变换。另外，分析图 5-15 可以发现，对于每个非叶结点，其左孩子的线索指针指向其右孩子，其右孩子的线索指针和该结点的线索指针指向同一个结点，即左右孩子的线索化操作仅依赖于父结点，这就为并行地计算非叶结点的左右孩子的线索指针提供了可能性。

　　本章的线索化 BVH 的 SIMT 并行创建算法如算法 5.6 所示。在算法 5.6 中，SplitLargeNodes 过程完成上层大结点的创建，SplitSmallNodes 过程完成底层小结点的创建；PostSplitLarge 过程和 PostSplitSmall 过程用于对新创建的结点进行后处理，设置父子结点间的关系及记录相同批次的所有结点在结点列表 "*nodelist*" 中的起始与结束位置（存入列表 "*levellist*" 中）；在完成所有包围盒结点的创建之后，再利用 DFSThreadBVH 过程对 BVH 的物理存储结构进行变换，并完成线索化操作。

　　算法 5.6：线索化 BVH 的 SIMT 并行创建算法

nodelist←new list;//线索化前的 BVH 结点列表

activelist←new list;//当前活动结点列表

samlllist←new list;//小结点列表

nextlist←new list;//缓冲结点列表

levellist←new list;//同批次结点存储位置记录列表

thrlist←new list; //线索化后的 BVH 结点列表

创建根结点 *rootnode*;

activelist.add(*rootnode*);

foreach 面片 *t* in 面片列表 **in parallel**

　t.aabb←*t* 的 AABB;

while(*activelist* 非空){

　nextlist.clear();

　[*nextlist*]←**SplitLargeNodes**(*activelist*,*nextlist*);

[*activelist*, *nodelist*, *smalllist*, *levellist*]←**PostSplitLarge**(*activelist*, *nodelist*, *smalllist*, *nextlist*, *levellist*);

  }

N_L ←*nodelist*.length;//大结点个数

activelist←*smalllist*;

while(*activelist* 非空){

  nextlist.clear();

  [*nextlist*]←**SplitSmallNodes**(*activelist*, *nextlist*);

  [*activelist*, *nodelist*, *levellist*]←**PostSplitSmall**(*activelist*, *nodelist*, *nextlist*, *levellist*);

  }

[*thrlist*]←**DFSThreadBVH**(*nodelist*, N_L, *levellist*);

1. 创建上层大结点

BVH 的创建实际是一个不断地划分包围盒结点的过程。划分结点的关键在于选择划分平面，通常使用基于 SAH 准则[31]的贪心策略来寻找最优划分平面。SAH准则假设光线在空间中是均匀分布的，因此，一条光线与三维封闭空间 V 相交的概率正比于 V 的表面积。如果已知一条光线与 V 相交，则该光线与 V 的子空间 V_s 相交的概率为[31]

$$P_{\text{hit}}(V_s \mid V) = \frac{S_A(V_s)}{S_A(V)} \tag{5-21}$$

式中，$S_A(\cdot)$ 表示求封闭空间的表面积的函数。任意一条光线与 BVH 结点做一次求交测试的期望代价为[31]

$$C = K_T + \frac{K_I}{S_A(N)}[n_l S_A(N_l) + n_r S_A(N_r)] \tag{5-22}$$

式中，K_T 表示 BVH 的一个遍历步骤代价；K_I 为一次光线-面片求交代价；N_l 为左孩子空间；N_r 为右孩子空间；n_l 为左孩子空间包含的面片个数；n_r 为右孩子空间包含的面片个数。在划分 BVH 底层小结点时，需要找出最优的划分平面。根据 SAH 准则，能够使期望代价 C 最小的候选划分平面即是最优划分平面。

对于包含大量面片的上层大结点，精确地计算最优 SAH 非常耗时。为此，本节设计一种数据并行的近似最优 SAH 计算方法，在此基础上选择划分平面实现结点划分。大结点划分及其孩子结点创建过程如算法 5.7 所示。

算法 5.7：上层大结点划分及其孩子结点创建

[*nextlist*]←**SplitLargeNodes**(*activelist*, *nextlist*)

foreach 结点 n in *activelist* **in parallel**

将 n 包含的面片分成大小为 S 的分组,并将这些分组存放在列表 *chunkslist* 中;

foreach 分组 *ck* in *chunkslist* **in parallel**{

　　n←ck 所属的结点;

　　foreach 维度 d ∈ {x, y, z} in parallel{

　　　　①使用 M 个等间隔的候选划分平面在维度 d 上将 n 的包围盒分为 $M+1$ 个等分空间;

　　　　②对分组 *ck* 的所有面片,统计位于各等分空间中的面片个数并计算各等分空间中的面片包围盒(本节称之为计算分组 *ck* 在维度 d 上的面片分布直方图);

　　　　}

　　}

foreach 结点 n in *activelist* **in parallel** {

　　foreach 维度 d ∈ {x, y, z}**in parallel**{

　　　　①*histlist←*合并 n 的所有分组在维度 d 上的面片分布直方图;

　　　　②自左向右扫描 *histlist*,计算维度 d 上每个候选划分平面左边的面片数及其包围盒;

　　　　③自右向左扫描 *histlist*,计算维度 d 上每个候选划分平面右边的面片数及其包围盒;

　　　　④**foreach** 候选划分平面 p on 维度 d **in parallel**

　　　　　　p.cost←划分平面 p 的 SAH 计算结果;

　　　　}

　　$s←n$ 的 SAH 最小的候选划分平面;

　　以 s 为划分平面创建左孩子结点 *lch* 和右孩子结点 *rch*;

　　$i←n$ 在 *activelist* 中的索引号;

　　nextlist[2×i]←*lch*;　*nextlist*[2×i+1]←*rch*;

　　将 n 包含的面片排序到其左右孩子结点中;

　　}

为了降低计算候选划分平面位置的复杂度,对于包含大量面片的大结点,算法 5.7 在结点包围盒的每个维度上等间隔地选取候选划分平面。因此,算法 5.7 只能计算出近似最小 SAH。在计算分组的面片分布直方图时,本节使用面片质心来代表面片。由于候选划分平面等间隔分布,根据面片质心可直接定位面片所在的等分空间,进而统计出各等分空间中的面片数目并计算对应的包围盒。注意,本节中的面片分布直方图既包含落入不同等分空间中的面片个数,又包含不同等分空间的面片包围盒,而且这里的面片包围盒所占空间可能超过对应的等分空间。

通过合并结点的所有分组的面片分布直方图可以得到整个结点的面片分布直方图,再自左向右和自右向左地扫描结点的面片分布直方图,可分别获得各候选

划分平面左右两边的面片数与包围盒，在此基础
上即可计算各候选划分平面对应的 SAH。前述合
并和扫描操作可分别使用并行 reduction 算法[32]和
并行 scan 算法[33]来实现。在进行 reduction 和 scan
操作时，对于面片数目使用"+"算子，对于包围

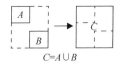

图 5-17　包围盒的"∪"运算

盒使用"∪"算子。本节的"∪"算子定义如图 5-17 所示。算法 5.7 中计算 SAH
最小的候选划分平面同样可以使用并行 reduction 操作实现（使用"min"算子），
而将结点的面片排序到其左右孩子中则可利用基于并行 prefix sum 的排序算法来
实现[34]。

在完成对大结点的划分及其左右孩子的创建工作后，本节将包含面片数目少
于一定阈值的孩子结点放入小结点列表，同时设置父结点之间的连接关系，把
所有活动结点存入"nodelist"中并记录它们的起始和结束位置，如算法 5.8 所示。

算法 5.8：大结点创建过程的后处理

[*activelist*, *nodelist*, *smalllist*, *levellist*]←**PostSplitLarge**(*activelist*, *nodelist*, *smalllist*, *nextlist*, *levellist*)

 N←*activelist*.length;//活动结点个数

 L←*nodelist*.length;

 L'←*smalllist*.length;

 nodelist.append(*activelist*);

 activelist.clear();

 flagslist←new list;

 foreach 结点 *n* in *nextlist* **in parallel**{

  i←*n* 在 *nextlist* 中的索引号;

  if(*n* 为小结点) *flagslist*[i]←0;

  else   *flagslist*[i]←1;

 }

 scanlist←对 *flagslist* 进行并行+-prescan 运算;

 foreach *flag* in *flagslist* **in parallel**{

  j←*flag* 在 *flagslist* 中的索引号;

  if(*flag*=1){//大结点

   if(*j*%2=0)

    nodelist[*L*+*j*/2].leftChildId←*L*+*N*+*scanlist*[*j*];

   else

    nodelist[*L*+*j*/2].rightChildId←*L*+*N*+*scanlist*[*j*];

   activelist[*scanlist*[*j*]]←*nextlist*[*j*];

```
    } else{//小结点
        if(j%2=0){
            nodelist[L+j/2].leftChildId←L'+j–scanlist[j];
            标记 nodelist[L+j/2]的左孩子为小结点;
        }else{
            nodelist[L+j/2].rightChildId←L'+j–scanlist[j];
            标记 nodelist[L+j/2]的右孩子为小结点;
        }
        smalllist[L'+j–scanlist[j]]←nextlist[j];
    }
}
level.startNodeId←L;
level.endNodeId←L+N–1;
levellist.append(level);
```

图 5-18 给出了算法 5.7 和算法 5.8 执行过程中各列表的变化情况，其中斜画线结点为小结点。算法 5.7 对 "*activelist*" 中的结点进行划分后，新创建的孩子结点被放入 "*nextlist*" 中，算法 5.8 先将 "*activelist*" 中的结点放入 "*nodelist*" 中，然后移出 *nexlist* 中的小结点并放到 "*smalllist*" 中，同时把 "*nextlist*" 中剩下的大结点放入 "*activelist*" 中。算法 5.8 借鉴了并行基数排序思想[34]，基于并行 "prescan"（使用 "+" 算子）操作能直接计算大结点在 "*nodelist*" 中的存放位置及小结点在 "*smalllist*" 中的存放位置。

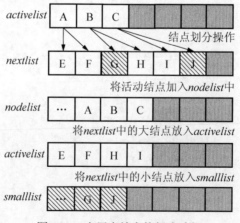

图 5-18　上层大结点的创建过程

2. 创建底层小结点

在划分小结点时，仍然使用 SAH 准则来寻找最优划分平面。由于小结点包含的面片数目较少，与上层大结点创建过程不同，这里取结点中各面片的包围盒边界作为候选划分平面（在 x、y、z 三个维度上都产生候选划分平面）。小结点划分过程如算法 5.9 所示。

算法 5.9：底层小结点划分及其孩子结点创建

[*nextlist*]←**SplitSmallNodes**(*activelist, nextlist*)

foreach 结点 n in *activelist* **in parallel** {

　　//计算最优划分平面

　　candlist←产生 n 的候选划分平面列表;

　　foreach 划分平面 p in *candlist* **in parallel** {

　　　　①测试 n 的所有面片与 p 的位置关系，计算 p 左右两边的面片个数及面片包围盒;

　　　　②p.cost←划分平面 p 的 SAH 计算结果;

　　}

　　s←n 的 SAH 最小的候选划分平面;

　　//划分结点并创建左右孩子

　　i←n 在 *activelist* 中的索引号;

　　SAH_0←直接对 n 的面片进行光线求交的代价;

　　if(s.cost$\geqslant SAH_0$){

　　　　①把 n 标记为叶结点;

　　　　②*nextlist*[$2\times i$]←nil; *nextlist*[$2\times i+1$]←nil;

　　}**else**{

　　　　①以 s 为划分平面对 n 进行划分，创建左孩子结点 *lch* 和右孩子结点 *rch*;

　　　　②*nextlist*[$2\times i$]←*lch*; *nextlist*[$2\times i+1$]←*rch*;

　　　　③将 n 包含的面片排序到其左右孩子结点中;

　　}

}

在划分小结点过程中，如果一个结点的最小划分代价大于直接逐面片光线求交代价 SAH_0，则不划分该结点，直接在 "*nextlist*" 中写入两个 nil 结点，在后处理中将移出所有 nil 结点，如图 5-19 所示。图 5-19 中的结点 A 经判断不需要再次划分。

如图 5-19 所示，在进行下一次结点划分迭代之前需先将 "*nextlist*" 的非 nil 结点拷贝到 "*activelist*" 中。本节使用并行 Stream Compaction（流式压缩）思想来实现这一目的，如算法 5.10 所示。另外，算法 5.10 还设置父子结点间的连接关系及记录本次迭代中的活动结点存放在 "*nodelist*" 中的起始和结束位置。

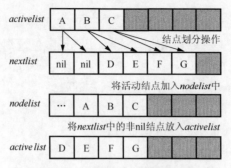

图 5-19　底层小结点的创建过程

算法 5.10：小结点创建过程的后处理

[*activelist*, *nodelist*, *levellist*]←**PostSplitSmall**(*activelist*, *nodelist*, *nextlist*, *levellist*)

N←*activelist*.length;

L←*nodelist*.length;

nodelist.append(*activelist*);

flagslist←new list;

foreach 结点 *n* in *nextlist* **in parallel**{

　　i← *n* 在 *nextlist* 中的索引号;

　　if(*n*=nil)　*flagslist*[*i*]←0;

　　else　　　　*flagslist*[*i*]←1;

}

scanlist←对 *flagslist* 进行并行+-prescan 运算;

activelist.clear();

foreach *flag* in *flagslist* **in parallel**{

　　i←*flag* 在 *flagslist* 中的索引号;

　　if(*flag*=1){

　　　　if(*i*%2=0)

　　　　　　nodelist[*L*+*i*/2].leftChildId←*L* + *N* + *scanlist*[*i*];

　　　　else

　　　　　　nodelist[*L*+*i*/2].rightChildId←*L* +*N* +*scanlist*[*i*];

　　　　activelist[*scanlist*[*i*]]←*nextlist*[*i*];

　　}

}

level.startNodeId←*L*;

level.endNodeId←*L* + *N* −1;

levellist.append(level);

3. BVH 存储结构变换及线索化

本节采用宽度优先搜索顺序创建 BVH 的包围盒结点，大结点创建过程和小结点创建过程均将同一批次的包围盒结点存储在连续的结点列表单元中，如图 5-18 和图 5-19 所示。为了得到图 5-16 所示的 BVH 物理存储结构，需要调整各包围盒结点在结点列表中的位置，具体过程如算法 5.11 所示。算法 5.11 分为三个步骤：第一步，自底向上遍历 BVH，计算 BVH 中以各非叶结点为根的不同子树所需的存储空间；第二步，自顶向下遍历 BVH，将每个包围盒结点存入目标位置，实现 BVH 存储结构变换（对非叶结点，还需计算其左右孩子结点的目标存储地址，并设置其右孩子指针）；第三步，自顶向下遍历 BVH，设置各包围盒结点的左孩子指针和线索指针。

算法 5.11：BVH 存储结构变换及线索化

[*thrlist*]←**DFSThreadBVH**(*nodelist*, N_L, *levellist*)

sizelist←new list;//子树存储空间大小列表

addresslist←new list;//目标存储地址列表

thrlist←new list;//变换后的 BVH 结点列表

//第一步

foreach 批次 *l* in *levellist* **from end to begin**
　　[*sizelist*]←SubtreeSize(*nodelist*, *l*, N_L, *sizelist*);

//第二步

addresslist[0]←0; //根结点放在第一个位置

foreach 批次 *l* in *levellist* **from begin to end**
　　[*thrlist*, *addresslist*]←TargetPosition(*nodelist*, *l*, N_L, *sizelist*, *thrlist*, *addresslist*);

//第三步

activeidlist←new list;//活动结点索引列表

nextlist←new list;

thrlist[0].rope←nil;//设置根结点的线索指针

activeidlist.add(0);//首先线索化根结点的两个孩子

while(activeidlist 非空) {

　　foreach 索引 *i* in *activeidlist* **in parallel**
　　　　if(*thrlist*[*i*]为非叶结点) {
　　　　　　j←*i*+1;//左孩子索引
　　　　　　k←*thrlist*[*i*].rightChildId;//右孩子索引
　　　　　　thrlist[*i*].leftChildId←*j*;
　　　　　　thrlist[*j*].rope←*k*;//线索化左孩子

　　　　thrlist[*k*].rope←*thrlist*[*i*].rope;//线索化右孩子

　　　　nextlist.add(*j*); *nextlist*.add(*k*);

　　　}

　　activeidlist←*nextlist*;

　　nextlist.clear();

}

　　算法 5.11 的前两步基于"*levellist*"对同一批次的结点运算进行数据并行化，如算法 5.12 和算法 5.14 所示，最后一步则对同一层次结点的左右孩子线索化操作进行数据并行化。

算法 5.12：计算同一批次中各子树所需的存储空间

[*sizelist*]←**SubtreeSize**(*nodelist, level, N_L, sizelist*)

s←*level*.startNodeId;

e←*level*.endNodeId;

foreach 结点 *n* in *nodelist*[*s*..*e*] **in parallel**{

　　i←*n* 在 *nodelist* 中的索引号;

　　if(*n* 为叶结点){

　　　sizelist[*i*]←1;

　　}else{

　　　[*j*, *k*]←FindChildsId(*n*, N_L);

　　　sizelist[*i*]←*sizelist*[*j*] + *sizelist*[*k*] + 1;

　　}

}

算法 5.13：计算结点的左右孩子在"*nodelist*"中的索引号

[*j*, *k*]←**FindChildsId**(*n*, N_L)

if(*n* 的左孩子被标记为小结点)

　　j←*n*.leftChildId + N_L;

else

　　j←*n*.leftChildId;

if(*n* 的右孩子被标记为小结点)

　　k←*n*.rightChildId + N_L;

else

　　k←*n*.rightChildId;

　　算法 5.13 用于计算结点 *n* 的左右孩子在"*nodelist*"中的索引号。由于本节的 BVH 创建分为大结点和小结点两个创建过程，若某大结点的孩子为小结点，则先将该孩子存放在小结点列表中。在"nodelist"中所有小结点都存放在大结点之后，因此，计算大结点的小孩子结点索引时需加上一个偏移。在算法 5.8 中，对结点的左（或右）小结点孩子进行标记的目的是，在自顶向下遍历 BVH 时能正确地计算左（或右）小结点孩子在"nodelist"中的位置。

算法 5.14：同一批次结点的存储位置变换

[*thrlist, addresslist*]←**TargetPosition**(*nodelist, level, N_L, sizelist, thrlist, addresslist*)

s←*level*.startNodeId;

e←*level*.endNodeId;

foreach 结点 *n* in *nodelist*[*s..e*] **in parallel** {

　　i←*n* 在 *nodelist* 中的索引号；

　　targetId←*addresslist*[*i*];

　　thrlist[*targetId*]←*n*;//将 *n* 存入目标位置

　　if (*n* 为非叶结点) {//计算左右孩子的目标位置

　　　　[*j, k*]←FindChildsId(*n*, N_L);

　　　　addresslist[*j*]←*targetId* + 1;

　　　　addresslist[*k*]←*targetId* + 1 + *sizelist*[*j*];

　　　　thrlist[*targetId*].rightChildId←*addresslist*[*k*];

　　}

}

文献[3]在普通微机上用 VC++ 2008 和 CUDA 2.3 实现了本节的线索化 BVH 创建算法。实验所用的微机配有 Xeon™ 3.2 GHz 处理器、2GB 内存及 NVIDIA Quadro FX 570 GPU。为了避免排序面片时移动面片数据，程序使用面片列表中的面片索引代表面片。在划分大结点时，包围盒的每个维度被分为 64 个等分空间。

本节算法在划分上层大结点时与 Lauterbach 等的 BVH 创建算法[27]相似，也使用近似 SAH 准则来选择划分平面。相对于 Lauterbach 等的算法，本节算法的不同之处在于：①创建上层大结点时不是对结点划分运算而是对面片测试运算进行数据并行化，在创建底层小结点时才并行化结点划分运算，这种策略可解决上层大结点创建过程缺乏数据并行性的问题，同时，SAH 准则的使用也保证了 BVH 的创建质量；②本节算法实现了 BVH 的宽度优先到深度优先存储结构变换及包围盒结点的线索化操作。

Lauterbach 等的实验结果显示，对于大多数场景，使用近似 SAH 准则和精确 SAH 准则创建的 BVH 的光线遍历效率相差不大。因此，这里的实验主要研究本节算法创建线索化 BVH 的速度。实验所用的测试场景为牛、兔子和龙三个模型，如图 5-20 所示。实验中判断包围盒结点为小结点的标准为包含的面片数小于或等于 64。表 5-1 给出了本节算法创建线索化 BVH 的时间 T_1，Lauterbach 等的算法创建 BVH 的时间 T_2，以及两种算法的创建时间之比 T_1/T_2。由于实验所用的 GPU 与 Lauterbach 等使用的 GPU 不同，所以本节的实验数据和文献[27]的实验数据不能直接进行比较。本节的数据都是在相同的硬件环境下得到的实验测试结果。由表 5-1 可以看出：① T_1 略高于 T_2，T_1/T_2 的最大值为 1.10（接近于 1）；②面片数越少，T_1/T_2 的值越大，这主要是因为对小模型的 BVH 进行存储结构变换及线索化操作的额外开销相对更大。需要注意的是，由于 Lauterbach 等的算法相对本节的算法少了一些计算工作（不包括 BVH 的存储结构变换及线索化操作），实际上本节的算法创建 BVH 的速度并不低于 Lauterbach 等的算法。

（a）牛

（b）兔子

（c）龙

图 5-20　实验中使用的测试场景

表 5-1　实验测试数据

模型	面片数	T_1 /ms	T_2 /ms	T_1/T_2
牛	5 804	185.9	172.6	1.08
兔子	69 451	1 988.9	1 876.3	1.06
龙	202 520	6 336.9	6 035.1	1.05

5.3.2　线索化 BVH 的遍历算法设计

前一小节讨论了直接在 GPU 上创建线索化 BVH 场景加速结构的问题，本小节给出直接在 GPU 上运行的无栈式线索化 BVH 遍历算法，如算法 5.15 所示。

算法 5.15：线索化 BVH 场景加速结构的 GPU 遍历算法

[*closestIntersection*] ← **BVHTraversal**(*nodelist, Ray*)
curId ← 0;
closestIntersection ← INF;
do {
　curNode = *nodelist*[*curId*];
　if(光线 *Ray* 和结点 *curNode* 相交) {
　　if(*curNode* 是叶结点) {
　　　curId ← *nodelist*[*curId*].rope;
利用光线 *Ray* 对结点 *curNode* 包含的所有三角形做求交测试，如果有交，则进一步判断其是否比 *closestIntersection* 离光线起点更近，如果是更近，则将交点值赋给 *closestIntersection*；

```
    } else {
        curId ← nodelist[curId].leftChildId;
      }
    } else {
      curId ← nodelist[curId].rope;
    }
}while (nodelist[curId] != nil);
```

由于本节在 BVH 上增加了线索化信息，在 GPU 上实现 BVH 的无栈式遍历变得非常直接和容易。另外，分析算法 5.15 可以发现，其相比于 KD-restart 和 KD-backtrack 等无栈树状加速结构遍历算法来说，没有了导致算法效率降低的冗余遍历步骤，因此，可以大大加快 GPU 上的光线跟踪计算速度。

5.3.3　阴影计算加速设计

5.3.3.1　基于方差阴影图的阴影计算

从 5.1 节的介绍可以发现，在递归地跟踪光线时，只要光线与三维虚拟场景有交点，就需要在交点位置处发射阴影测试光线，以便进行阴影测试。基本的光线跟踪算法在做阴影测试时，也需要遍历整个三维虚拟场景（或者场景加速结构），以判断阴影测试光线是否与场景中的某个物体对象相交，因此，阴影测试会占用较大的时间开销。在光线跟踪算法中，主光线（从相机发射的光线）与三维虚拟场景相交的位置是视点能直接看到的地方，主光线的所有衍生光线与三维虚拟场景相交的地方，视点并不直接可见，但其产生的间接光照会对视点直接看到的场景位置的颜色产生影响。值得注意的是，根据对现实生活环境的观察可以发现，间接光照导致的阴影变化是比较平滑的，远不如直接光照导致的阴影变化明显，而且间接光照导致的阴影对视点观察到的三维虚拟场景的视觉效果的影响也远比直接光照导致的阴影小。基于以上事实，在递归跟踪衍生光线的过程中，并不需要非常精确的阴影测试，只需近似计算即可。

本书作者曾提出利用方差阴影图来加速光线跟踪中的阴影测试计算[36]。如图 5-21 所示，视点发出的主光线与三维虚拟场景相交于点 $S'(x_s, y_s, z_s)$，在点 S' 处再创建一条衍生光线与三维虚拟场景相交于点 $P(x_p, y_p, z_p)$。在执行点 P 处的阴影测试时，本节不再用阴影测试光线遍历整个三维虚拟场景的方法来进行求交测试，而是根据阴影测试光线的起点位置和方向，利用预先计算的方差阴影图来判断光源对点 P 是否直接可见，即点 P 是否处于某个物体投射的阴影之中。如果光线的跟踪深度比较深，本节方法可以节省大量阴影求交测试时间。

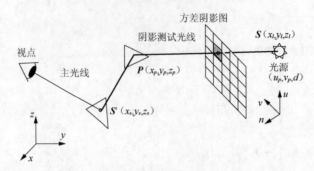

图 5-21　在光线跟踪中利用方差阴影图实现阴影测试的示意图

从理论上说，阴影图在三维虚拟场景中定义了一个分割曲面，若在此分割曲面一边的场景点与光源直接可见，则在此分割曲面另一边的场景点与光源就不能直接可见。也就是说，阴影图是此分割曲面的一种离散化表示，其每个像素对应了此分割曲面上的一个采样点。正是由于这种离散化表示导致在利用阴影图实现阴影测试时会产生误差。方差阴影图是 Donnelly 和 Lauritzen[35]在阴影图的基础上提出来的，其基本思想是通过计算阴影图所表示的前述采样点的深度期望值和方差来估计深度值的分布（此处的深度实际上表示前述分割曲面上的点到光源的远近），并将深度值分布保存在阴影图的每一个像素中，再利用此分布值来计算光源对某一场景点的可见性，从而确定阴影区域。方差阴影图通过直接对阴影图进行滤波来实现阴影反走样目的，在方差阴影图中，期望值和方差可以根据深度值的一阶矩和二阶矩来计算。深度值的一阶矩和二阶矩可分别写为[35]

$$M_1 = E(x) = \int_{-\infty}^{\infty} x p(x) \mathrm{d}x \qquad (5\text{-}23)$$

$$M_2 = E(x^2) = \int_{-\infty}^{\infty} x^2 p(x) \mathrm{d}x \qquad (5\text{-}24)$$

在此基础上，期望值和方差可写为[35]

$$\mu = E(x) = M_1 \qquad (5\text{-}25)$$

$$\sigma^2 = E(x^2) - E(x)^2 = M_2 - M_1^2 \qquad (5\text{-}26)$$

在实际程序中，必须同时保存深度值和深度值的平方，以便计算期望值和方差。

为了能在光线跟踪时，利用方差阴影图实现阴影测试，程序需要计算出阴影测试光线所穿过的方差阴影图像素的位置。由于方差阴影图是在光源坐标系下创建的，需要将光线与三维虚拟场景的交点位置坐标从世界坐标系变换到光源坐标系，具体的变换公式如下：

$$\begin{bmatrix} u \\ v \\ n \\ 1 \end{bmatrix} = \begin{bmatrix} U_x & U_y & U_z & 0 \\ V_x & V_y & V_z & 0 \\ N_x & N_y & N_z & 0 \\ 0 & 0 & 0 & 1 \end{bmatrix} \begin{bmatrix} 1 & 0 & 0 & -S_x \\ 0 & 1 & 0 & -S_y \\ 0 & 0 & 1 & -S_z \\ 0 & 0 & 0 & 1 \end{bmatrix} \begin{bmatrix} x \\ y \\ z \\ 1 \end{bmatrix} \qquad (5\text{-}27)$$

式中，$\mathbf{S}(S_x, S_y, S_z)$，$\mathbf{U}(U_x, U_y, U_z)$ 和 $\mathbf{N}(N_x, N_y, N_z)$ 为创建方差阴影图时使用的相机参数，其中，$\mathbf{S}$ 为相机位置（相机在光源位置处），$\mathbf{U}$ 为相机向上方向，$\mathbf{N}$ 为相机正前方向，$\mathbf{V}(V_x, V_y, V_z) = \mathbf{N} \times \mathbf{U}$。此处的 $\mathbf{U}$、$\mathbf{V}$ 和 $\mathbf{N}$ 皆为单位向量。假设投影中心在坐标原点位置，投影平面与 $\mathbf{N}$ 方向正交，且在 $n = d$ 处（n 轴参见图 5-21），则透视投影变换公式如下：

$$\begin{bmatrix} u' \\ v' \\ n' \\ w' \end{bmatrix} = \begin{bmatrix} 1 & 0 & 0 & 0 \\ 0 & 1 & 0 & 0 \\ 0 & 0 & 1 & 0 \\ 0 & 0 & 1/d & 0 \end{bmatrix} \begin{bmatrix} u \\ v \\ n \\ 1 \end{bmatrix} \tag{5-28}$$

因此，投影点在投影平面上的坐标为

$$(u_p, v_p, n_p) = \left(\frac{u'}{w'}, \frac{v'}{w'}, \frac{n'}{w'} \right) = \left(\frac{u}{n/d}, \frac{v}{n/d}, d \right) \tag{5-29}$$

假设方差阴影图的分辨率为 $N_1 \times N_2$，图 5-22 给出了方差阴影图像素与 u-v 坐标系之间的对应关系。只要计算出交点在光源坐标系下的投影坐标 (u_p, v_p)，即可找出该投影坐标所对应的方差阴影图像素位置。(u_p, v_p) 对应的方差阴影图像素的行号为

$$i_{\text{row}} = \left\lfloor \left(1 - \frac{u_p}{d \cdot \tan(\theta_v / 2)} \right) \frac{N_1 - 1}{2} \right\rfloor \tag{5-30}$$

式中，θ_v 为相机的垂直视角。(u_p, v_p) 对应的方差阴影图像素的列号为

$$i_{\text{col}} = \left\lfloor \left(1 + \frac{v_p}{d \cdot \tan(\theta_h / 2)} \right) \frac{N_2 - 1}{2} \right\rfloor \tag{5-31}$$

式中，θ_h 为相机的水平视角。根据切比雪夫不等式，如果 x 是一个均值为 μ、方差为 σ^2 的随机变量，则对于 $t > \mu$，有[35]

$$\Pr(x \geq t) \leq P_{\max}(t) \equiv \frac{\sigma^2}{\sigma^2 + (t - \mu)^2} \tag{5-32}$$

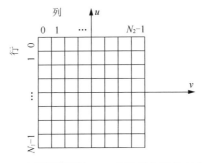

图 5-22 方差阴影图与 u-v 坐标系之间的对应关系

算法 5.16 给出了在光线跟踪中使用方差阴影图进行阴影测试的流程，其与传统的光线跟踪阴影测试操作的不同之处在于，不需要生成阴影测试光线并遍历三维虚拟场景。

算法 5.16：使用方差阴影图进行阴影测试

利用式（5-27）将点 $P(x_p, y_p, z_p)$ 从世界坐标系变换到光源坐标系，得到光源坐标系下的坐标 $P_l(u_p, v_p, n_p)$，并计算点 P 到光源的距离 D；

利用式（5-28）计算点 P 的透视投影变换；

利用式（5-29）计算投影点的 u 和 v 坐标；

利用式（5-30）和式（5-31）计算对应方差阴影图像素的行号和列号；

读取存储在方差阴影图第 i_{row} 行、第 i_{col} 列像素中的一阶矩值 M_1 和二阶矩值 M_2；

if $D < (\mu = M_1)$ {

　　光源对点 $P(x_p, y_p, z_p)$ 直接可见；

} **else** {

　　$\sigma^2 = M_2 - M_1^2$；

　　根据式（5-32）计算 $P_{max}(D)$，并将点 $P(x_p, y_p, z_p)$ 处的直接光照值乘以 $P_{max}(D)$；

}

5.3.3.2　基于光源可见性滤波的近似柔和阴影计算

光线跟踪技术已经被广泛地用于三维图形绘制领域。相比于传统的光栅化三维图形绘制技术，光线跟踪能绘制出复杂的全局光照效果，但是其计算复杂度也更高。对于点光源照射下的简单三维场景，以当前的硬件计算能力来说，光线跟踪的帧绘制速率基本上能满足实时交互要求。然而，当三维场景包含较多几何图元，且需要绘制面光源照射产生的柔和阴影时，光线跟踪的帧绘制速率则难以满足实时交互要求。在第 4 章中曾讨论过，点光源照射三维场景产生的阴影不存在本影区到非阴影区的平滑过渡（即半影区），被称为硬边阴影，其真实感不强。在三维电脑游戏之类的应用中，既有绘制全局光照效果的要求，也有帧绘制速率能满足实时交互性需要的要求。如果用光线跟踪技术来绘制游戏场景，则往往只能把光源建模为点光源。实际上，如果能在把光源建模为点光源的情况下，在光线跟踪绘制的画面中加入视觉近似的柔和阴影效果，即使绘制出的柔和阴影不是物理上完全正确的，也能增强绘制画面的视觉真实感。如图 5-23 所示，相邻的可视场景点具有不同的二值光源可见性，场景中的立方体会在平面上投射出阴影，阴影边缘对应于可视场景点的光源可见性从 1 到 0 的跃变。分析硬边阴影的形成机制可以发现，硬边阴影不存在半影区的关键原因是，所有可视场景点的光源可见性都是二值的（1 或者 0）。

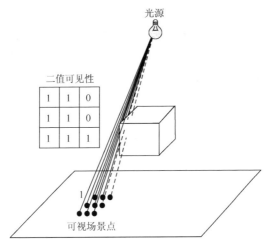

图 5-23　可视场景点的光源可见性

注意，使用光线跟踪技术，在绘制三维场景的过程中，可以很容易地获得每个可视场景点的光源可见性。与第 4 章讨论的深度图类似，可以把所有可视场景点的二值光源可见性看成一幅可见性图。利用图像处理中的空间域平滑滤波可以在光源可见性图中的 1 到 0 跃变位置增加过渡区，使对应的可视场景区的光源可见性值从 1 到 0 逐渐变化，以滤波后得到的非二值光源可见性值来调制不考虑遮挡时的可视场景点直接光照值，从而绘制出近似柔和阴影效果。图 5-24 给出了对光源可见性图进行空间域平滑滤波的操作，即用 3×3 的空间平滑方盒滤波器来对光源可见性图进行平滑处理。图 5-25 给出了 3×3 的空间平滑方盒滤波器对应的空间滤波模板。通过可见性滤波，可以计算出各个可视场景点的非二值光源可见性值，从而绘制出近似柔和阴影效果。

1	1	1	1	1	1	1	1
1	1	1	1	1	1	1	1
1	1	1	1	1	1	1	1
1	1	0	0	0	0	1	1
1	1	0	0	0	0	1	1
1	1	0	0	0	0	1	1
1	1	0	0	0	1	1	1
1	1	1	1	1	1	1	1

空间域平滑滤波 ⇒

1	1	1	1	1	1	1	1
1	1	1	1	1	1	1	1
1	1	1	1	1	1	1	1
1	1	0	0	0	0	1	1
1	1	0	0	0	1/3	1	1
1	1	0	0	0	0	1	1
1	1	0	0	0	1	1	1
1	1	1	1	1	1	1	1

图 5-24　对光源可见性图进行空间域平滑滤波

1/9	1/9	1/9
1/9	1/9	1/9
1/9	1/9	1/9

图 5-25　3×3 的空间平滑方盒滤波器

本书作者提出基于光源可见性平滑滤波的近似柔和阴影绘制算法[5]，如算法 5.17 所示。

算法 5.17：基于可见性平滑滤波的近似柔和阴影绘制算法

（1）创建 3 个二维缓冲区 $Vis[M×N]$、$DirI[M×N]$ 和 $IndI[M×N]$；把缓冲区 Vis 的每个元素初始化为 1；把缓冲区 $DirI$ 和 $IndI$ 的每个元素初始化为 0；

（2）从视点投射穿过虚拟像素平面的各个像素中心的光线 R，判断光线 R 与三维场景中的几何对象是否存在交点；

    if 存在交点 **then**

        ① 计算离视点最近的交点 P；

        ② 从点 P 向光源投射阴影测试光线，计算二值可见性值 V；

        ③ $Vis[R] \leftarrow V$；

        ④ 在不考虑遮挡的情况下，计算点 P 处的直接光照值 L_d；$DirI[R] \leftarrow L_d$；

        ⑤ 按正常光线跟踪流程递归计算点 P 处的间接光照值 L_i；$IndI[R] \leftarrow L_i$；

    else

    $DirI[R] \leftarrow$ 背景颜色；

    end if

（3）使用方盒滤波器对可见性图 Vis 进行平滑滤波；

（4）与光线 R 对应的像素的光照值为 $T_R = Vis[R]×DirI[R] + IndI[R]$。

图 5-26 给出了兔子三维场景模型的硬边阴影绘制结果，点光源位于兔子斜上方位置，在点光源的照射下，兔子在地面上投射出硬边阴影，此外，地面是光滑的，因此在地面上成有兔子镜像。图 5-26 右边的子图是兔子阴影的放大效果，可以看到阴影边缘非常清晰，阴影中不存在半影区。图 5-27 给出了兔子三维场景模型的柔和阴影绘制结果，图 5-27 右边的子图是兔子阴影的放大效果，可以看到从兔子阴影区到非阴影区存在平滑过渡，阴影边界变得模糊，呈现出明显的柔和阴影特征。

图 5-26　兔子三维场景模型硬边阴影绘制结果

图 5-27　兔子三维场景模型柔和阴影绘制结果

图 5-28 给出了兔子三维场景模型的可视区域的光源可见性图，其中，图 5-28（a）是二值光源可见性图（黑色区域对应阴影区，白色区域对应非阴影区）；图 5-28（b）是执行空间平滑滤波操作后的非二值光源可见性图。从图 5-28 可以看出，二值光源可见性图的兔子阴影边缘具有很高的锐度，因此，用其调制不考虑遮挡时的可视区域直接光照值得到的阴影呈现出硬边阴影特征；使用空间平滑滤波对二值光源可见性图进行滤波以后，得到的非二值光源可见性图中的阴影边缘变得模糊，表明场景点的光源可见性从 1 到 0 平滑过渡，因此能产生柔和阴影效果。

（a）二值光源可见性图　　　　　　（b）非二值光源可见性图

图 5-28　兔子三维场景模型的光源可见性图

文献[5]实现了算法 5.17，其中，实验使用的计算机系统配置为 NVIDIA Quadro K2000 GPU、Intel(R) Xeon(R) CPU E3-1225 v3 @ 3.20GHz、8 GB RAM；三维场景画面分辨率为 1024×768，利用 GPU 来加速光线跟踪计算。兔子三维场景模型包含 69 452 个几何图元，牛三维场景模型包含 5805 个几何图元，龙三维场景模型包含 869 929 个几何图元。在绘制过程中，使用 21×21 的空间平滑方盒滤波器来对二值光源可见性图进行滤波。图 5-27 是兔子三维场景模型的绘制结果，其每帧画面的绘制时间约为 89.1ms；图 5-29 是牛三维场景模型的绘制结果，其每帧画面的绘制时间约为 86.4ms；图 5-30 是龙三维场景模型的绘制结果，其每帧画面的绘制时间约为 277.8ms。三维场景模型包含的几何图元越多，绘制一帧画面的时间代价越高。这是因为在光线跟踪时可能有更多的几何图元要进行求交测试。前面的算法能够与光线跟踪算法无缝集成，而且光源可见性滤波计算不受三维场景复杂度影响，对应的计算开销小，能支持交互式光线跟踪绘制。值得指出的是，前面的算法只对直接光照的可见性进行滤波，因此，间接光照产生的阴影仍然是硬边阴影。对于大多数三维场景，只绘制直接光照柔和阴影就能够获得较好的视觉真实感。但是对于某些特殊的三维场景，例如，在镜子里成有三维场景柔和阴影的镜像，使用算法 5.17 绘制出的场景画面可能会出现明显的缺陷（镜子里的柔和阴影镜像绘制出来是硬边阴影）。为了克服这一问题，可以采用两级甚至多级光源可见性滤波算法来计算间接光照柔和阴影[37]。

图 5-29　牛三维场景模型柔和阴影绘制结果　　图 5-30　龙三维场景模型柔和阴影绘制结果

5.3.4　动态三维场景的光线跟踪

与静态三维虚拟场景不同，在动态三维虚拟场景中，由于每帧画面对应的三维虚拟场景都有所变化，前一帧的场景加速结构在后一帧中就不能再使用了，必须对其进行更新，否则就会产生错误的绘制结果。在当前研究动态场景光线跟踪的各种文献中，不同语境下动态场景所指的具体含义并不一样。如果场景物体对象的运动变化只是对应三角形网格顶点位置发生变化，但各顶点之间的拓扑连接关系不发生改变，则这种动态场景通常被称为形变动态场景[31]。如果场景中的物体对象运动变化具有层次性，则称这种动态场景为层次变化场景[31]。对某种特定的动态三维场景，可以设计出专用的场景加速结构动态更新算法，以期获得最高的绘制效率。但是，对于动画电影场景这样的实际应用而言，往往包括非常复杂的物体对象运动变化模式。为此，本节的动态三维场景 GPU 光线跟踪算法采取每帧全部重建场景加速结构的方法来保证场景加速结构与动态场景的一致性。

一个动态三维虚拟场景通常由许多几何物体对象组成，且大多数情况下都是以几何物体对象为单位发生运动变化。例如，一个学生在一间教室内走动，学生对象作为一个整体发生运动变化。为了便于对动态三维虚拟场景进行动画控制及更新其场景加速结构,本节采用简化的场景图思想来组织场景几何数据,如图 5-31 所示。

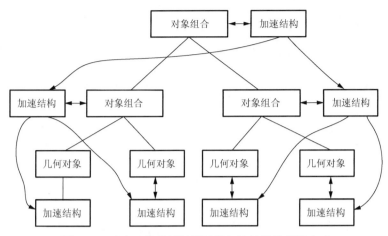

图 5-31　动态三维虚拟场景及其加速结构的组织方式

在图 5-31 中，动态三维场景中每个可以作为独立单位的几何对象都有一个与之关联的加速结构；多个几何对象可构成一个对象组合，每个对象组合也有一个与之关联的加速结构；多个对象组合又可以构成一个更大的对象组合，同样也有与之关联的加速结构。因此，动态三维虚拟场景的所有几何对象最终被组织成一个树状结构。为了在光线跟踪时能够方便地使用场景加速结构，所有几何对象的场景加速结构也组织成一个树状结构。对象组合的场景加速结构实际上就是该对象组合所包含的全部面片的 AABB。如图 5-32 所示，为"兔子"几何对象创建一个加速结构，为"跑步者"几何对象创建一个加速结构，"兔子"几何对象和"跑步者"几何对象构成一个对象组合，该组合的场景加速结构就是一个刚好能同时包裹"兔子"几何对象和"跑步者"几何对象的 AABB 结点。当然，为了便于光线遍历，对象组合的加速结构结点也链接到几何对象的加速结构上。

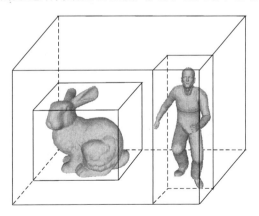

图 5-32　对象组合的加速结构示意图

本节的动态三维虚拟场景的逐帧渲染过程如算法 5.18 所示。

算法 5.18：基于每帧重建场景加速结构的动态三维虚拟场景光线跟踪流程
foreach 帧 F_i **in** 帧序列 ｛

　　foreach 几何对象 OBJ **in** 动态三维虚拟场景 ｛

　　　　if OBJ 在本帧中发生运动变化 ｛

　　　　　　对 OBJ 的所有顶点进行变换；

　　　　　　重建 OBJ 的加速结构；

　　　　｝

　　｝

　　更新所有对象组合的加速结构；

　　启动光线跟踪算法绘制三维场景，将绘制结果输出到磁盘文件中；

｝

本节的实验所采用的计算机配有 Xeon™ 3.2 GHz 处理器、2GB 内存及 NVIDIA Quadro FX 570 GPU。这里用 VC++ 2008 和 CUDA 2.3 编写 GPU 上的光线跟踪程序。在此处的光线跟踪中，只对镜面反射光线进行递归跟踪，最大跟踪深度为 5。因此，动态三维虚拟场景中的物体对象的材质特性对光线跟踪所需的计算时间会产生重要影响。

图 5-33～图 5-36 分别给出了动态三维虚拟场景的 9 帧连续画面，场景中包括三个几何对象：一个盒子、一个兔子和一个牛；兔子和牛在盒子之内，一个点光源在场景的右前上方位置。在图 5-33 中，盒子的六个面均能产生镜面反射，兔子和牛也能产生镜面反射。在图 5-34 中，盒子的六个面均能产生镜面反射，兔子也能产生镜面反射，但牛是纯漫反射材质。在图 5-35 中，盒子的六个面均能产生镜面反射，但兔子和牛是纯漫反射材质。在图 5-36 中，盒子、兔子和牛都是纯漫反射材质。在图 5-33～图 5-36 中，为了达到更好的视觉效果，所有物体在建模时都指定了漫反射系数和环境光反射系数。从图 5-33 可见，在盒子的底面上形成了兔子和牛的镜像，同时映有兔子和牛的影子，兔子和牛的表面都产生了高光镜面反射效果，绘制每帧画面平均耗时 859.22ms。在图 5-34 中，兔子和牛仍然在盒子的底面上产生了影子和镜像，但是此时牛没有了高光镜面反射效果，绘制每帧画面平均耗时 732.11ms。在图 5-35 中，兔子和牛都没有了高光镜面反射效果，绘制每帧画面平均耗时 506.78ms。在图 5-36 中，所有物体对入射光线都只产生漫反射，因此，在盒子的底面上没有兔子和牛的镜像，绘制每帧画面平均耗时 163.00 ms。从各个图的绘制时间可以看出，场景中的镜面反射表面越多，绘制三维虚拟场景的时间越长。

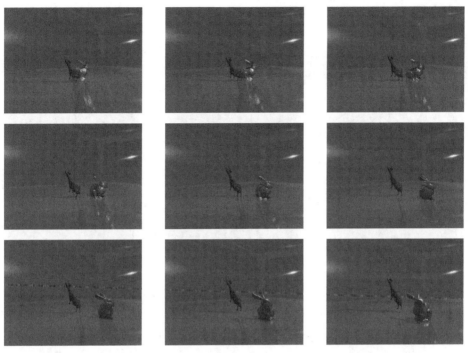

图 5-33　盒子、兔子和牛都包含镜面反射光线跟踪（平均每帧耗时 859.22 ms）

图 5-34　盒子、兔子包含镜面反射光线跟踪，牛为漫反射材质（平均每帧耗时 732.11 ms）

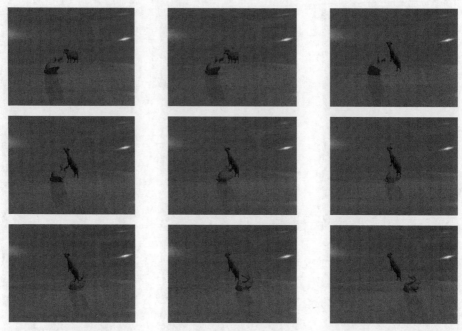

图 5-35 盒子包含镜面反射光线跟踪，兔子和牛为漫反射材质（平均每帧耗时 506.78 ms）

图 5-36 盒子、兔子和牛都为漫反射材质（平均每帧耗时 163.00 ms）

定义光线跟踪加速比为在 CPU 上的场景绘制时间与在 GPU 上的场景绘制时

间之比。图 5-37 给出了分别在 CPU 和 GPU 上绘制图 5-33～图 5-36 所示动态三维场景的加速比结果，图 5-37 中横轴上的标记 1 表示对应图 5-33，标记 2 表示对应图 5-34，以此类推。从图 5-37 可知，充分利用 GPU 的并行计算能力，可以大大加快光线跟踪的计算速度。

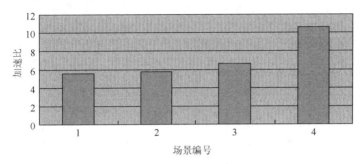

图 5-37　GPU 光线跟踪相对于 CPU 光线跟踪的加速结果

5.3.5　基于集群的并行化光线跟踪

光线跟踪算法在对光线进行跟踪处理时，不同光线的跟踪计算互不依赖，具有良好的并行性。除了可以利用 GPU 众核处理器来对光线跟踪计算进行细粒度并行化加速外，还可以借助计算机集群来进行并行化加速。Reinhard 和 Jansen 为了解决单台工作站的计算资源不能满足复杂三维场景的光线跟踪计算要求问题，提出在分布式计算机集群上完成光线跟踪计算，并设计出一种混合调度方法[38]。Wald 等[39]针对分布式计算机集群环境，提出一种简单实用的动态三维场景交互式光线跟踪绘制方法，该方法需要按动态更新特性把三维场景几何对象分成静态几何对象、只发生仿射变换运动变化的几何对象、做无结构运动变化的几何对象三种类型。虽然，利用计算机集群来提高光线跟踪计算速度是实现交互式三维场景画面绘制的一种有效途径，但是，计算机集群的整体绘制速度由绘制速度最慢的计算结点决定，如果计算结点之间的任务分配不均衡，则会导致计算机集群的整体绘制效率下降，甚至造成画面绘制加速效果消失。Cosenza 等[40]对在并行光线跟踪中利用时间和空间相关性进行了研究，提出把原始绘制问题划分为多个均衡子问题的负载平衡技术，并通过预测二叉树把这些子问题分配给独立的计算结点。通过预测二叉树可以利用在连续画面帧间的时间相关性，在绘制每帧画面时，利用前一帧画面的绘制时间作为代价函数来更新当前帧的预测二叉树。针对超大三维场景绘制问题，为了解决普通商用机的计算资源不足问题，Somers 提出一个基于消息传送的分布式集群光线跟踪绘制架构 FlexRender[41]，其以空间相关的方式来划分超大三维场景，支持层次空间加速结构的集群并行创建。Rincón-Nigro 和 Deng 针对多 GPU 计算设备系统开展了光线跟踪绘制负载平衡测试实验[42]，通过估计光线组遍历层次包围盒加速结构的开销，来实现计算任务在各计算结点间的均衡分配，其实验结果显示基于代价估计的调度初始化方法能增强负载平衡的效果，进而减少绘制时间。

虽然已有计算机集群绘制负载均衡算法在特定条件下能取得较好的负载均衡效果，但大多数都难以满足实时交互式绘制要求。现有基于预测二叉树的绘制任务自适应划分方法需要经过若干帧以后，才能达到较好的负载均衡状态，其负载均衡收敛速度不能满足动态三维场景的实时交互式绘制要求。在文献[4]中，本书作者介绍了在粗粒度和细粒度两个层次上同时实现并行计算的计算机集群光线跟踪绘制系统，该系统可以接收 Kinect 体感传感器的动作输入，实现交互式三维场景画面绘制，下面将对其进行详细介绍。

图 5-38 给出了计算机集群光线跟踪绘制并行化设计思想，其使用基于像素块的绘制任务划分方法，综合采用粗粒度和细粒度两级并行化策略。粗粒度并行的实现方式是[43]，将三维场景画面像素划分成绘制时间开销基本相等的分块，把每个分块分配给一个集群计算结点，各个集群计算结点独立地绘制所分配的画面像素分块，实现结点间并行效果。细粒度并行的实现方式是，使用众核 GPU 并行计算硬件来并行地执行每个分块内的各个像素的绘制操作，此外，三维场景空间加速结构也直接在众核 GPU 并行计算硬件上进行创建和更新，实现结点内并行效果。上述基于计算机集群的并行化光线跟踪绘制方案能够很好地适应交互式绘制应用的要求。实际上，对于动画电影渲染这样的非交互式绘制应用，在使用计算机集群来提高画面绘制速度时，可以利用基于帧的绘制任务划分方法，即把不同

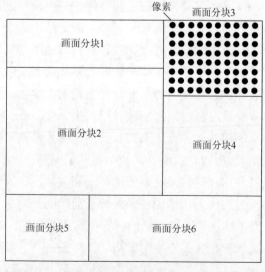

图 5-38　计算机集群光线跟踪绘制并行化设计思想

的画面帧分配给不同的计算结点,当某一计算结点完成一帧画面的绘制后,再申请绘制另外一帧画面。但这种方法显然不适用于交互式绘制应用。对于交互式应用来说,每帧画面的绘制内容需要根据前一帧画面和用户的当前输入来确定,无法事先预知连续的一系列帧画面该绘制什么内容。

基于计算机集群的交互式光线跟踪绘制包括画面像素分块与合并、网络通信、帧同步、数据压缩和负载均衡等计算任务,其中,负载均衡是获得良好绘制性能的关键。计算机集群光线跟踪绘制系统采用客户/服务器架构,绘制流程概念模型如图 5-39 所示。控制结点首先启动并读取配置文件,得到各个绘制结点的控制参

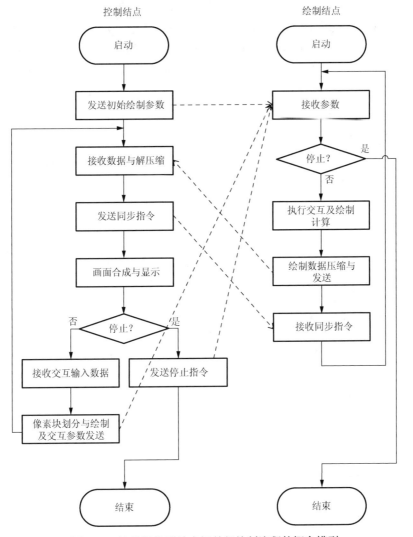

图 5-39 计算机集群结点间并行绘制流程的概念模型

数，包括各结点的 IP 地址、网络通信端口、画面像素块初始划分参数等，然后建立与各绘制结点间的网络连接，并把初始参数发送给各个绘制结点；接下来控制结点等待接收各个绘制结点的绘制数据，当接收完所有绘制结点发送来的绘制数据后，控制结点向各个绘制结点发送"准备绘制下一帧"的同步指令，接着进行画面合成与显示，并完成交互输入数据接收与下一帧画面的像素分块及相应的参数发送工作。绘制结点接收到控制结点发来的参数后，首先判断是否是停止绘制命令，如果不是则执行参数中指定的操作，并利用光线跟踪技术完成指定的三维场景画面像素块绘制，绘制完成后把数据发送给控制结点，并接收"准备绘制下一帧"的同步指令。绘制结点在把绘制数据发送给控制结点时，为了减小网络传输开销，将对绘制数据进行压缩。在控制结点接收到绘制数据后，先对数据进行解压缩，然后再进行后续处理。控制结点根据接收到的当前帧的绘制开销记录数据来实现下一帧画面像素的均衡分块。本节将使用每个像素的光线跟踪递归深度作为依据来实现负载均衡，因此，绘制结点在发送绘制数据时，实际上也要把记录的每个像素的光线递归深度数据发送给控制结点。像素的光线跟踪递归深度用一个字节存储即可。

最简单的场景画面像素分块策略是，像素块数与绘制结点数相同，这样不仅可以降低网络通信开销，而且便于逻辑控制。图 5-40 给出了包含四个绘制结点的场景画面像素分块示例。在像素分块时，只需要确定每个像素块的左上角像素行列号和右下角像素行列号，控制结点把像素块左上角和右下角的像素行列号作为绘制参数发给绘制结点，绘制结点只绘制给定像素块内的像素，在绘制完后把相应的结果数据传回控制结点。注意，本节的方法要求每个绘制结点都有一份完整

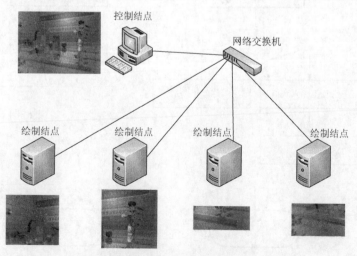

图 5-40　三维场景画面像素分块示意图

的三维场景模型数据拷贝，这一要求很容易实现，在绘制开始前把三维场景模型数据从控制结点传送给各个绘制结点即可。

在计算机集群绘制系统中，如果各个绘制结点的计算任务不均衡，则不同结点执行绘制任务的时间开销不同，导致先完成绘制计算的结点要闲置等待其他未完成绘制计算的结点，从而造成集群系统的计算资源浪费。如果能够使各个绘制结点的计算任务基本均衡，则可以充分利用集群系统的并行计算能力，提高集群绘制系统的并行加速效果。实现负载均衡的先决条件是，要预先知道不同像素的绘制时间开销。负载均衡算法需要根据像素的绘制时间开销来对场景画面进行像素分块，并使各个像素块的绘制时间基本相等。当然，在真正完成像素绘制之前，很难确切地获知某一像素的绘制时间开销大小。如前所述，本节利用帧间相关性，根据前一帧画面的绘制时间开销统计结果来估计当前帧各个像素的绘制时间开销。由于光线跟踪的基本运算就是对光线进行跟踪处理，本节把每个像素的光线递归跟踪深度作为绘制时间开销的度量指标。

图 5-41 给出了一种简单的负载均衡算法概念示意图[4]。算法在水平和垂直两个方向上交替地执行对场景画面像素的划分操作，每次都把当前块划分成两个子块，每个子块的所有像素的光线递归跟踪深度值之和基本相等。如图 5-41 所示，算法先把当前块的像素光线递归跟踪深度值按行或列降维，即把每行或每列所有像素的光线递归跟踪深度之和保存在一个一维数组的对应元素中，从而把划分一个二维块的问题转化为一个划分一维线段的问题。可以把一维数组中的每个元素想象成一个有质量的点，所有点构成一条线段。假设有一个天平，算法从线段的两端开始逐个取点，分别放到天平的两个托盘中。在取放过程中，根据天平的平衡状态，恰当地选择取放位置，以尽量维持天平的平衡。算法执行完后，根据天平左右托盘中的点就可以确定像素划分位置。

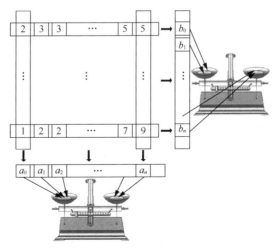

图 5-41　计算机群集光线跟踪绘制系统负载均衡算法的概念示意图

　　交互式光线跟踪绘制应用中的三维场景通常都是动态变化的三维场景，如果每帧全部重建整个场景的空间加速结构，则场景空间加速结构的重建会导致很大的计算开销。在实际的光线跟踪绘制程序中，可以采用树形结构来组织三维场景几何对象，树形结构中的每个结点对应一个有实际意义的几何体。图 5-42 给出了文献[4]的测试场景的树形组织结构示意图。从图 5-42 可以看出，场景模型中的不同几何对象被分别放在树形组织结构的不同结点上。在进行三维交互时，利用三维变换矩阵可以很容易地改变发生运动变化的几何对象的三维模型数据，重建发生运动变化的几何对象的空间加速结构即可完成对三维场景模型的更新。因此，使用树形结构来组织三维场景的模型对象可以为场景模型的动态更新提供方便。

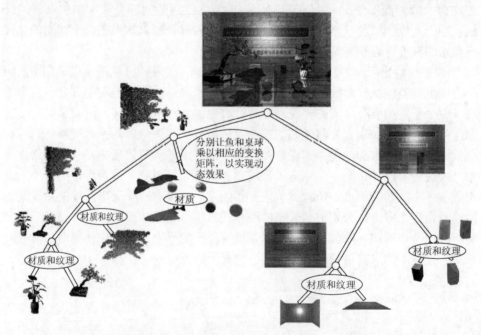

图 5-42　场景模型对象的树形组织结构示意图

　　基于 Kinect 体感传感器可以获取人体的体态动作信息[44]。Kinect 体感传感器利用内置的摄像机来实现对人体 25 个部位的骨骼点的实时捕捉，获得的数据以数据帧形式提供给应用程序使用。文献[4]通过程序对右臂招手和左臂挥手动作进行了识别，其中使用了人体六个部位的骨骼点，它们分别是右手腕 H_{right}、左手腕 H_{left}、右肘 E_{right}、左肘 E_{left}、右肩 S_{right}、左键 S_{left}。利用以上骨骼点可以定义四个向量：

$$V_{\text{right}} = H_{\text{right}} - E_{\text{right}} \tag{5-33}$$

$$R_{\text{right}} = S_{\text{right}} - E_{\text{right}} \tag{5-34}$$

$$V_{\text{left}} = H_{\text{left}} - E_{\text{left}} \tag{5-35}$$

$$R_{\text{left}} = S_{\text{left}} - E_{\text{left}} \tag{5-36}$$

右臂招手过程由图 5-43 定义[4]，其中，角度 α 为向量 V_{right} 和向量 R_{right} 的夹角，角度 β 为向量 $-R_{\text{right}}$ 与竖直向下方向的夹角。在检测手臂的自然抬升动作时，针对夹角 α、β 及关键骨骼点间的位置关系设置几个参考量，当且仅当夹角 β 依次大于 5°、15°、30°，同时夹角 α 小于 45°，右手腕关节点的 y 坐标（y 轴竖直向上）大于右肩关节点的 y 坐标时，体态动作才视为有效招手过程。左手臂挥手过程由图 5-44 定义[4]，其中，角度 γ 为 V_{left} 和 R_{left} 的夹角。在检测自然挥左手过程时，判断角度 γ 是否先依次小于 120°、90°、60°，然后再依次大于 80°、100°、120°，同时左肘关节的 y 坐标是否大于左肩关节的 y 坐标，向量 v 的 y 分量是否为负值。向量 v 的定义如图 5-45 所示，其中要求向量 v 和向量 w 相互垂直。

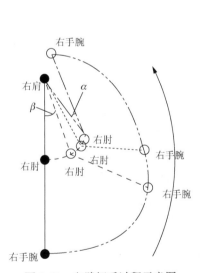

图 5-43　右臂招手过程示意图

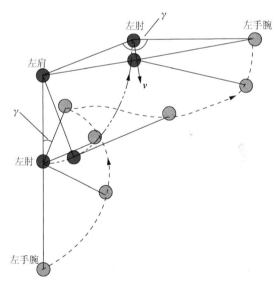

图 5-44　左臂挥手过程示意图

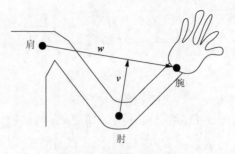

图 5-45　向量 v 的定义

　　图 5-46 给出了一个可交互的动画三维场景，其中包括一个"仙女"，"仙女"可以在三维场景中沿预定义的轨迹飞行。程序可以通过 Kinect 体感传感器识别人的体态动作，据此与"仙女"对象进行互动，并改变"仙女"对象的飞行轨迹。具体地讲，当人挥动右臂招手时，"仙女"立即调整姿态，飞向三维场景的视点，当人用左臂挥手时，"仙女"立即调整姿态返回刚才离开的位置，继续沿原轨迹运动。图 5-46 所示的三维场景模型是犹他三维动画模型库（the utah 3D animation repository）中的模型（由 Ingo Wald 创建和维护），总共包含 174 117 个面片。如图 5-47 所示，文献[4]为"仙女"对象设计了三种运动状态：第一种是螺旋上升；第二种是飞向场景中心；第三种是绕某一轴转圈飞行。在无交互的情况下，"仙女"对象先进行螺旋上升运动，然后调整姿态飞向场景中心，最后再次调整姿态绕特定轴转圈飞行，转圈飞行结束后再重复上述过程。在"仙女"对象飞行过程中，人可以随时通过 Kinect 体感传感器和"仙女"对象互动。

图 5-46　"森林仙女"交互式飞行动画场景（见书后彩版）

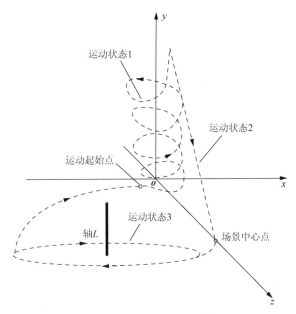

图 5-47　"仙女"对象在三维场景中的运动轨迹示意图

5.4　OptiX 光线跟踪引擎

5.4.1　OptiX 光线跟踪引擎简介

2010 年 Parker 等[45]在 SIGGRAPH（Special Interest Group for Computer Graphics）会议上发表了关于 OptiX 光线跟踪引擎的论文，介绍了可编程光线跟踪管线的实现途径和使用方法。OptiX 是专门针对英伟达众核 GPU 并行计算设备设计的可编程光线跟踪系统。OptiX 的目的是提供一种通用的光线跟踪计算框架，避免受限于特定的应用场景，因此，OptiX 可为三维绘制、声音传播、碰撞检测等许多能用光线跟踪算法求解的问题提供解决方案。OptiX 对光线跟踪底层计算细节进行了抽象，提供了类似于 GLSL（OpenGL Shading Language）着色器的可编程实体——Program。每个 Program 负责实现一种具体的计算功能，OptiX 框架负责把所有 Program 结合在一起，形成完整的光线跟踪程序。

图 5-48 给出了 OptiX 光线跟踪引擎的调用控制流示意图[45]，其中的圆角矩形表示可编程 Program，直角矩形表示 OptiX 的内部算法实现（用户不可编程），椭圆里的 rtTrace 为 OptiX 提供的在 Program 中可以被调用的内建函数。如果 OptiX 在跟踪某条光线时遇到错误，则会执行 Exception Program 来处理异常。目前，OptiX 包含七种类型的 Program，不同类型的 Program 在光线跟踪计算的不同阶段执行。

下面对这些 Program 的功能进行简要介绍[45]。

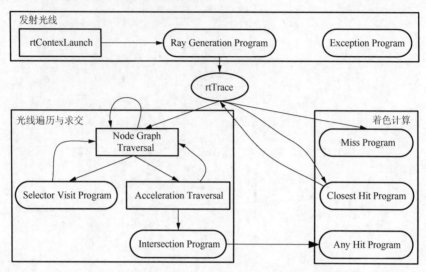

图 5-48　　OptiX 光线跟踪引擎的调用控制流示意图

Ray Generation Program：OptiX 光线跟踪绘制管线的入口，用于产生从视点位置出发穿过虚拟屏幕像素进入三维场景的光线；每条光线都可以附带特定的数据结构；在 OptiX 光线跟踪程序中可以设置多个不同的 Ray Generation Program，用于支持像光子映射这样需要执行多遍绘制的应用。

Intersection Program：用于判断光线是否与几何图元相交，如果相交则返回与交点相关的计算结果。

Bounding Box Program：用于计算几何图元的轴对齐包围盒，该 Program 根据给定的图元索引来从缓冲区中读取顶点数据，然后据此计算包围盒。Bounding Box Program 在开始发射光线之前调用，图 5-48 所示的绘制调用控制流图中不包含该Program。

Closest Hit Program：当 OptiX 找到光线与场景对象之间离光线起点最近的交点后，框架将调用该 Program，其作用和 GLSL 中的 Shader 非常类似，主要实现着色计算并把结果保存在光线附带的数据结构中，另外也要负责完成与投射递归光线相关的计算工作。

Any Hit Program：当 OptiX 找到光线与场景对象之间的任意一个交点后，框架将调用该 Program，该 Program 对于阴影计算非常有用。

Miss Program：当 OptiX 发现光线不与任何几何图元相交时，框架将调用该Program。阴影测试光线类型可以不用绑定该 Program，但其他用来实现光照计算的光线类型则必须绑定该 Program。

Exception Program：当 OptiX 在执行过程中遇到异常时将调用该 Program，在该 Program 中可以打印异常诊断信息，以便帮助程序员发现产生异常的原因。

　　Selector Visit Program：用于实现精细化场景遍历，例如，当某个几何对象离光线起点很远时，可以用一个简单的近似几何体来代表复杂的几何对象。

　　OptiX 用树形层次结构来组织三维场景模型。OptiX 提供了 Group、Geometry Group、Transform、Selector 四种类型的结点对象。另外，OptiX 提供了 Material 对象来描述几何对象表面材质特性，Material 对象通过 Geometry Instance 对象与 Geometry 对象绑定在一起。图 5-49 给出了一个包含牛和兔子的三维场景，其中用一个针孔相机来拍摄三维场景画面。图 5-50 给出了与图 5-49 所示三维场景相对应的树形模型组织结构示意图，其中，Context 表示 OptiX 的运行时数据，主要包括 Ray Generation Program、Miss Program 和 Geometry Group 等数据项。Geometry Group 又包含三个 Geometry Instance，每个 Geometry Instance 实现一个几何对象和一个材质（Material）对象的绑定。在图 5-50 给出的示例中，牛和兔子对象共享了同一个 Material 对象，地板则使用另一个不同的 Material 对象。每个 Geometry 对象都与一个 Intersection Program 和 Bounding Box Program 相对应，每个 Material 对象都与一个 Any Hit Program 和 Closest Hit Program 相对应。注意，图 5-50 给出的示例只包含一个 Geometry Group 对象，因此，OptiX 为整个场景创建一个加速结构。图 5-50 中的 Context 是 OptiX 运行时引擎的一个实例，它提供了对光线跟踪引擎进行设置和控制的接口。在利用 OptiX 编写光线跟踪程序时，分为主机端（CUP 端）代码和设备端（GPU 端）代码两部分。从主机端到设备端和从设备端到主机端的所有数据传送都通过 Context 来完成。

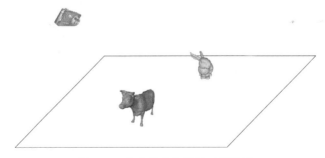

图 5-49　包含牛和兔子的三维场景

　　实际上，在创建三维场景模型的树形结构时，需要为每个 Group 和每个 Geometry Group 对象指定一个加速结构。如图 5-51 所示，把多个 Geometry Group 对象作为 Group 对象的孩子结点，就可以为三维场景的不同几何对象创建独立的加速结构。当某个几何对象发生运动变化时，只需要更新发生变化的几何对象的加速结构，而不必重建整个场景的加速结构，这样可以提高动态三维场景的加速结构更新速度。在某些三维场景中，可能会在不同空间位置出现相同的几何对象。

在这种情况下，没有必要在场景模型树形结构中为重复出现的几何对象创建多个拷贝，多个 Geometry Group 对象可以共享相同的 Geometry Instance 对象，如图 5-52 所示，此时这些共享相同 Geometry Instance 对象的 Geometry Group 对象可以进一步共享加速结构。图 5-52 的两个 Geometry Group 对象表示的三维几何对象并不需要在空间上相互重叠，可以通过为其中的两个 Transform 对象设置不同的变换参数来改变三维几何对象的空间位置和大小。

OptiX 3.7.0 支持 BVH、TrBVH、SBVH、MedianBVH、LBVH、TriangleKdTree 等加速结构类型[46]。在实际编写光线跟踪程序时，可以根据实际情况选择合适的场景空间加速结构。

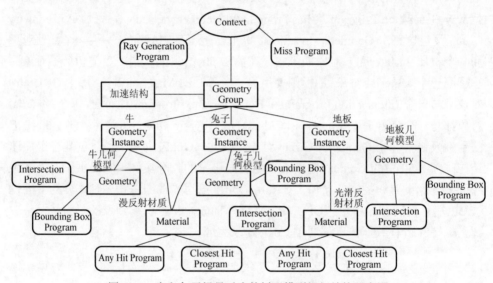

图 5-50　牛和兔子场景对应的树形模型组织结构示意图

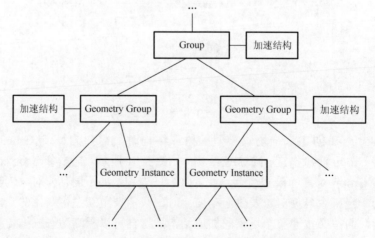

图 5-51　在一个三维场景模型树形结构中包含多个加速结构的示例

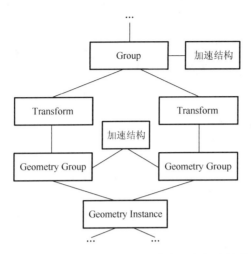

图 5-52　在一个三维场景模型树形结构中共享加速结构的示例

5.4.2　OptiX 光线跟踪引擎的使用

　　OptiX 的 Program 源代码使用 CUDA C 编写。因此，在使用 OptiX 编写光线跟踪程序之前，必须在计算机中安装 CUDA 开发环境。CUDA 的 SDK 安装程序可以从英伟达公司官方网站下载。OptiX Program 源代码需要被编译成 PTX 格式的并行线程执行码才能被 OptiX 运行实例调用。使用 NVCC 编译器可以很容易地根据 CUDA C 代码生成 PTX 格式的并行线程执行码。如果利用 Visual Studio 来编写 OptiX 的 Program 源代码，在编译源代码前，需要对编译选项进行适当设置。具体方法是，打开 CUDA 源代码文件的属性设置对话框，将 "NVCC Compilation Type" 选项设置为 "Generate .ptx file (-ptx)"（如图 5-53 所示），同时将 "Generate GPU Debug Information" 选项设置为 "否"（如图 5-54 所示）。PTX 代码在概念上和编译 Java 源程序得到的字节码很类似，PTX 代码也是在程序执行的时候由解释器即时解释执行，因此，CUDA C 源程序编译成 PTX 代码后并不会使并行线程执行码局限于具体的 GPU 设备硬件型号，在实际执行代码时，解释器负责把 PTX 代码翻译成能在具体 GPU 设备上执行的微码。如果用 NVCC 编译器生成 cubin 格式的原生 GPU 微码，则更换 GPU 设备后，原来编译生成的原生 GPU 微码可能不能正常工作。

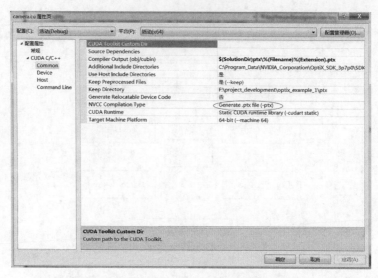

图 5-53　设置 NVCC 编译器的输出格式

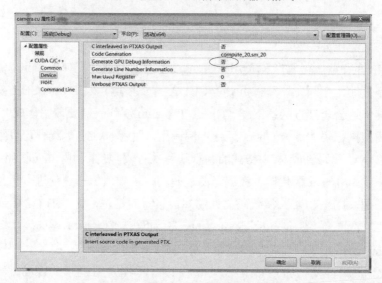

图 5-54　设置 NVCC 编译器生成方式

　　基于 OptiX 引擎编写光线跟踪绘制程序的最直接方法是在 OptiX SDK 的 SampleScene 类基础上派生自己的三维场景类，在具体实现时可根据需要对其中的 initScene、trace、getOutputBuffer、cleanUp、resize、doResize、keyPressed 等虚成员函数进行重载。initScene 函数是一个非常重要的成员函数。在 initScene 函数中需要完成对 OptiX 上下文（Context）实例控制参数的设置、三维场景模型加载及其树形结构创建、初始相机参数设置等工作。trace 函数是另一个非常重要的成员函数。在 trace 函数中，调用 Context 的 launch 函数启动光线跟踪计算。OptiX SDK

中提供了用于加载三维模型和纹理图片的一些辅助类，例如，OptixMesh 和 PPMLoader。在编写光线跟踪绘制程序时，可以使用 OptiX SDK 提供的辅助类来完成大量常规操作，常用的辅助类主要包含在 OptiX SDK 自带的示例程序的 nvCommon 和 sutil 两个项目中，可以通过设置项目依赖，来使用这两个项目中的类。

图 5-55 和图 5-56 给出了两个重要的 OptiX SDK 自带类。GLUTDisplay 类主要用来显示光线跟踪绘制结果。从大体上说，GLUTDisplay 类对 OpenGL 的 GLUT 窗口显示功能进行了封装，其包含一个指向 SampleScene 对象的指针、一个指向 PinholeCamera 对象的指针、一个指向 Mouse 对象的指针，它能接收用户的键盘和鼠标输入，并提供了相应的事件响应处理函数。SampleScene 类对三维场景模型及相关的 OptiX 运行实例进行了封装。SampleScene 类包含一个 Context 对象，通过 Context 对象可以调用 OptiX 提供的各种编程接口，从而完成对光线跟踪绘制过程的控制。实际上，加载到主机端存储器中的三维场景模型也通过 Context 传送到设备端存储器中。

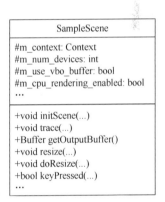

图 5-55　OptiX SDK 的 GLUTDisplay 类定义　　图 5-56　OptiX SDK 的 SampleScene 类定义

参 考 文 献

[1] Appel A. Some Techniques for Shading Machine Renderings of Solids. Proceedings of AFIPS 1968 Spring Joint Computer Conference, Atlantic City, 1968: 37-45.

[2] Szirmay-Kalos L, Umenhoffer T, Patow G, et al. Specular effects on the GPU: state of the art. Computer Graphics Forum, 2009, 28(6): 1586-1617.

[3] 陈纯毅, 杨华民, 李文辉, 等. 线索化包围盒层次结构的并行创建算法. 吉林大学学报(工学版), 2011, 41(5): 1388-1393.

[4] 蒋聪, 陈纯毅. 基于手势的交互式三维场景并行光线跟踪绘制研究. 长春理工大学学报(自然科学版), 2016, 39(2): 90-97.

[5] Chen C, Yang H, Li H. Interactive Rendering of Approximate Soft Shadows Using Ray Tracing with Visibility Filtering. Proceedings of 2016 International Conference on Computer

Science, Technology and Application, Changsha, 2016: 68-74.

[6] 郭小凯. 光线跟踪及其加速算法的研究. 西安：西安电子科技大学, 2008.

[7] Glassner A S. An Introduction to Ray Tracing. San Diego: Academic Press, 1989.

[8] 文建明. 光线跟踪及其反走样的研究. 西安：西安电子科技大学, 2005.

[9] Lauterbach C, Garland M, Sengupta S, et al. Fast BVH construction on GPUs. Computer Graphics Forum, 2009, 28(2): 375-384.

[10] Zhou K, Hou Q, Wang R, et al. Real-time KD-tree construction on graphics hardware. ACM Transactions on Graphics, 2008, 27(5): 126.

[11] Lengyel E. Mathematics for 3D Game Programming and Computer Graphics. Boston: Course Technology, 2012.

[12] Möller T, Trumbore B. Fast, Minimum Storage Ray/Triangle Intersection. Proceedings of ACM SIGGRAPH 2005 Courses, Los Angeles, 2005: 7.

[13] Shevtsov M, Soupikov A, Kapustin A. Ray-Triangle Intersection Algorithm for Modern CPU Architectures. Proceedings of GraphiCon, Moscow, 2007: 33-39.

[14] Kalojanov J, Slusallek P. A Parallel Algorithm for Construction of Uniform Grids. Proceedings of the High Performance Graphics, New Orleans, 2009, 23-28.

[15] Wald I, Ize T, Parker S G. Fast, parallel, and asynchronous construction of BVHs for ray tracing animated scenes. Computers & Graphics, 2008, 32(1): 3-13.

[16] Hall R A, Greenberg D P. A testbed for realistic image synthesis. Journal of IEEE Computer Graphics and Applications, 1983, 3(8): 10-20.

[17] Chung W L. A new method of view synthesis for solid modeling. Computer-Aided Design, 1984, 16(2): 470-480.

[18] Amanatides J, Foumier A. Ray Casting Using Divide and Conquer in Screen Space. Proceedings of International Conference on Engineering and Computer Graphics, Beijing, 1984: 290-296.

[19] Goldsmith J, Salmon J. A ray tracing system for the hypercube. Caltech Concurrent Computing Project Memorandum HM154, California Institute of Technology, 1985.

[20] Boulos S, Edwards D, Lacewell J D, et. al. Packet-Based Whitted and Distribution Ray Tracing. Proceedings of Graphics Interface, Montreal, 2007: 177-184.

[21] 刘保权, 吴恩华, 刘学慧. 基于 GPU 的交互式动态折射绘制算法. 计算机辅助设计与图形学学报, 2006, 18(11): 1652-1657.

[22] Carr N A, Hoberock J, Crane K, et al. Fast GPU Ray Tracing of Dynamic Meshes Using Geometry Images. Proceedings of 32nd Graphics Interface Conference, Quebec, 2006: 203-209.

[23] Budge B C, Anderson J C, Garth C. Hybrid CPU-GPU Implementation for Interactive Ray-Tracing of Dynamic Scenes. http://graphics.idav.ucdavis.edu/~bcbudge/deep/research/techreport. pdf[2008-7-11].

[24] Wald I, Boulos S, Shirley P. Ray tracing deformable scenes using dynamic bounding volume hierarchies. ACM Transactions on Graphics, 2007, 26(1): 1-18.

[25] Foley T, Sugerman J. KD-tree Acceleration Structures for a GPU Raytracer. Proceedings of the SIGGRAPH / Eurographics Workshop on Graphics Hardware, Los Angeles, 2005: 15-22.

[26] Popov S, Günther J, Seidel H P. Stackless KD-tree traversal for high performance GPU ray tracing. Computer Graphics Forum, 2007, 26(3): 415-424.

[27] Lauterbach C, Garland M, Sengupta S. Fast BVH construction on GPUs. Computer Graphics Forum, 2009, 28(2): 375-384.

[28]　范文山, 王斌. 启发式探查最佳分割平面的快速 KD-Tree 构建方法. 计算机学报, 2009, 32(2): 185-192.

[29]　Halfhill T R. parallel processing with CUDA－NVIDIA's high-performance computing platform uses massive multithreading. Microprocessor Report, 2008: 1-8.

[30]　NVIDIA. NVIDIA CUDA C Programming Guide Version 2.0, 2008.

[31]　Wald I, Mark W R, Günther J, et al. State of the art in ray tracing animated scenes. Computer Graphics forum, 2009, 28(6): 1691-1722.

[32]　Horn D. Stream reduction operations for GPGPU applications//Pharr M. GPU Gems 2. Boston: Addison-Wesley, 2005: 573-589.

[33]　Sengupta S, Harris M, Zhang Y, et al. Scan Primitives for GPU Computing. Proceedings of ACM SIGGRAPH / Eurographics Workshop on Graphics Hardware, San Diego, 2007: 97-106.

[34]　Blelloch G E. Prefix sums and their applications//Reif J H. Synthesis of Parallel Algorithms. San Francisco: Morgan Kaufmann Publishers, 1990: 35-60.

[35]　Donnelly W, Lauritzen A. Variance Shadow Maps. Proceedings of 2006 Symposium on Interactive 3D Graphics and Games, Redwood City, 2006: 161-165.

[36]　Chen C, Yang H, Wang H, et al. Use of variance shadow map to accelerate ray tracing. Lecture Notes in Electrical Engineering, 2012, 129: 7-12.

[37]　陈纯毅, 杨华民, 李华, 等. 基于两级可见性平滑滤波的近似柔和阴影绘制方法: 201610507279.1 [2016-06-24].

[38]　Reinhard E, Jansen F W. Rendering large scenes using parallel ray tracing. Parallel Computing, 1997, 23(7): 873-885.

[39]　Wald I, Benthin C, Slusallek P. Distributed Interactive Ray Tracing of Dynamic Scenes. Proceedings of IEEE Symposium on Parallel and Large-Data Visualization and Graphics, Seattle, 2003: 77-85.

[40]　Cosenza B, Cordasco G, Chiara R D, et al. On Estimating the Effectiveness of Temporal and Spatial Coherence in Parallel Ray Tracing. Proceedings of Eurographics Italian Chapter Conference, Salerno, 2008: 97-104.

[41]　Somers R E. FlexRender: A Distributed Rendering Architecture for Ray Tracing Huge Scenes on Commodity Hardware. San Luis Obispo: California Polytechnic State University, 2012.

[42]　Rincón-Nigro M, Deng Z. Cost-Based Workload Balancing for Ray Tracing on Multi-GPU Systems. Proceedings of SIGGRAPH'13, Anaheim, 2013: 41.

[43]　陈纯毅, 杨华民, 李华, 等. 基于光线跟踪的三维场景 GPU 集群绘制系统: 201510254497.4 [2015-05-13].

[44]　陈纯毅, 杨华民, 李华, 等. 真实感三维场景的体感交互式绘制系统与方法: 201510447648.8 [2015-07-21].

[45]　Parker S G, Bigler J, Dietrich A, et al. OptiX: A General Purpose Ray Tracing Engine. Proceedings of SIGGRAPH'10, Los Angeles, 2010: 66.

[46]　NVIDIA. NVIDIA OptiX Ray Tracing Engine Programming Guide Version 3.7, 2014.

第 6 章　基于路径跟踪的真实感三维场景绘制

　　路径跟踪是一种基于蒙特卡罗积分方法的真实感三维场景绘制技术。第 4 章曾讨论过用蒙特卡罗方法来估计面光源对三维场景点产生的直接光照贡献问题，用该方法可以绘制包含半影区的柔和阴影。第 4 章主要是论述光源对场景点产生的直接光照的计算方法，真实感三维场景绘制的难点在于间接光照的计算。第 5 章论述了如何用光线跟踪技术来实现三维场景的间接光照计算。但是，基本的光线跟踪算法实际上只计算 $L(S^*|(DS^*))E$ 类型的光线传播路径穿过虚拟屏幕像素对视点产生的光照贡献，完全忽略 $L(D|S)^+DE$ 类型的光线传播路径对画面绘制结果的影响。因此，基本光线跟踪算法并不能绘制出所有的全局光照效果。本章要讨论的路径跟踪算法则可以为计算各种类型的光线传播路径的光照贡献提供一个通用的计算框架。路径跟踪技术在动画电影制作行业中已经得到广泛应用。华特·迪士尼动画工作室就曾报道过利用路径跟踪结合延迟着色技术来绘制大型三维场景画面的方法[1]。皮克斯动画工作室在制作"怪兽大学"和"蓝雨伞之恋"动画片时也用到了蒙特卡罗路径跟踪技术[2]。与路径跟踪算法联系非常紧密的间接光照求解算法包括光子映射算法和虚拟点光源算法[3-10]。本章将对光子映射算法进行简要介绍，基于虚拟点光源的间接光照绘制算法将在下一章讨论。

6.1　路径跟踪的基本思想

　　前面指出了基本光线跟踪算法的局限性。当然也可以对基本光线跟踪算法进行扩展，使其能够处理经多次漫反射表面反射后传播到达视点的光线传播路径。如图 6-1 所示，当光线传播遇到非镜面反射几何对象时，根据几何对象表面的材质特性，产生多条递归跟踪光线（在图 6-1 的点 P 处产生多条递归跟踪光线），在计算出每条递归跟踪光线的光照贡献后，对各条递归跟踪光线的光照贡献结果求加权平均就得到点 P 处的间接光照结果。对于光线跟踪来说，从视点发射的穿过虚拟屏幕像素的光线和其他递归跟踪光线共同构成一颗光线树，光线树的非叶结点的出度大于或者等于 1。

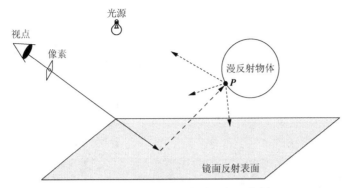

图 6-1　扩展光线跟踪算法思想示意图

不同于前述光线跟踪扩展方法，Kajiya 提出了路径跟踪算法思想[11]，该算法在光线与三维几何对象之间的交点处，只产生一条递归跟踪光线（即使几何对象表面为漫反射材质也只生成一条递归跟踪光线）。路径跟踪的基本算法思想如图 6-2 所示。与光线跟踪不同，路径跟踪算法在光线与三维场景几何对象的所有交点位置处都只产生一条递归跟踪光线，因此，每次路径跟踪得到的是一条光线传播路径采样。在产生递归跟踪光线时，需按一定的概率分布在可能的方向空间内，随机地确定光线出射方向。如果每个虚拟屏幕像素只跟踪一条光线传播路径，则绘制得到的场景画面会包含非常明显的噪声。为了解决这个问题，通常会为每个像素跟踪大量光线传播路径，最后把从所有光线传播路径收集到的光照的平均结果作为像素接收到的光照值。对基本的路径跟踪算法进行扩展，可以得到如图 6-3 所示的双向路径跟踪算法。双向路径跟踪算法由 Lafortune 和 Willems[12]及Veach 和 Guibas[13]提出，该算法首先按照基本路径跟踪思想从视点出发产生一系列光线传播路径采样（见图 6-3 的细实线，后面将称之为视点光线传播路径），然后再从光源位置出发产生一系列光线传播路径采样（见图 6-3 的粗实线，后面将称之为光源光线传播路径），最后连接视点光线传播路径和光源光线传播路径上的各光线与几何对象的交点（见图 6-3 的线段 P_1P_3、线段 P_1P_4、线段 P_2P_3、线段 P_2P_4），得到多条不同的起于光源和止于视点的光线传播路径，对各条这样的光线传播路径的光照贡献进行收集，就得到了虚拟屏幕像素的光照值。当然，在连接视点光线传播路径和光源光线传播路径上的各光线与几何对象的交点时，可能存在连接线段被三维几何对象阻挡的情况，此时该条起于光源和止于视点的光线传播路径的光照贡献为零。类似于基本路径跟踪算法，使用双向路径跟踪算法绘制的三维场景画面同样可能包含明显的噪声。为了解决这一问题，也需要针对每个像素生成多对视点光线传播路径和光源光线传播路径，分别计算每对视点光线传播路径和光源光线传播路径连接在一起产生的光照贡献，然后再通过求平均来得到最终的像素光照结果。

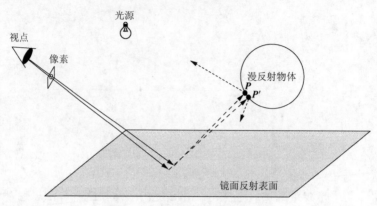

图 6-2　路径跟踪算法思想示意图

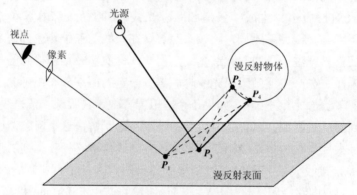

图 6-3　双向路径跟踪算法思想示意图

6.2　基本路径跟踪流程

路径跟踪算法的核心运算是计算沿图 6-2 所示的从视点发射的光线的反方向达到视点的光亮度。由于路径跟踪算法要使用递归计算操作，为了使文字表述更通用，参见图 6-4，可以把路径跟踪算法的核心运算描述为计算沿方向 ω_1 入射到点 P_1 的光亮度 $L(P_1, \omega_1)$。图 6-4 中的带箭头的线表示真实光照的传播方向，点 P_2 是从点 P_1 沿 ω_1 的反方向发射的光线与三维场景几何对象之间的离点 P_1 最近的交点，点 P_3 是从点 P_2 沿 ω_2 的反方向发射的光线与三维场景几何对象之间的离点 P_2 最近的交点。假设 ω_1 和 ω_2 都为单位向量。算法 6.1 给出了路径跟踪算法的主体计算流程[14]，其使用马尔科夫链蒙特卡罗方法来近似计算绘制方程中的积分。

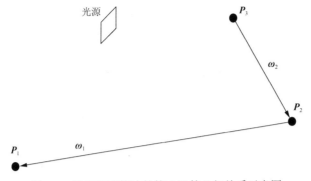

图 6-4　路径跟踪算法的核心运算几何关系示意图

算法 6.1：路径跟踪算法的主体计算流程

$L \leftarrow$ CalculateRadiance($\boldsymbol{P}_1, \boldsymbol{\omega}_1$) {

　　$L \leftarrow 0$;

　　从点 $\boldsymbol{P}_1$ 沿 $\boldsymbol{\omega}_1$ 的反方向发射一条光线 R_1;

　　if（光线 R_1 与三维场景几何对象相交）{

　　　　计算离点 $\boldsymbol{P}_1$ 最近的交点 $\boldsymbol{P}_2$;

　　　　$L \leftarrow L^e(\boldsymbol{P}_2, \boldsymbol{\omega}_1)$ ＋ CalculateRadianceIndS $(\boldsymbol{P}_2, \boldsymbol{\omega}_1)$ ＋ CalculateRadianceDS

$(\boldsymbol{P}_2, \boldsymbol{\omega}_1)$;

　　　　}

　　　　返回 L;

　　}

在算法 6.1 中， $L^e(\boldsymbol{P}_2, \boldsymbol{\omega}_1)$ 表示点 $\boldsymbol{P}_2$ 主动沿 $\boldsymbol{\omega}_1$ 方向发射的光亮度；CalculateRadianceIndS $(\boldsymbol{P}_2, \boldsymbol{\omega}_1)$ 表示计算在点 $\boldsymbol{P}_2$ 处沿 $\boldsymbol{\omega}_1$ 方向散射的间接光亮度；CalculateRadianceDS $(\boldsymbol{P}_2, \boldsymbol{\omega}_1)$ 表示计算在点 $\boldsymbol{P}_2$ 处沿 $\boldsymbol{\omega}_1$ 方向散射的直接光亮度。在跟踪某条光线传播路径时，首先从视点发射穿过虚拟屏幕像素的一条光线，假设其方向为 $\boldsymbol{\omega}_e$ ，则该条光线的光照收集结果为 $L(\boldsymbol{E}, -\boldsymbol{\omega}_e) =$ CalculateRadiance $(\boldsymbol{E}, -\boldsymbol{\omega}_e)$，其中， $\boldsymbol{E}$ 表示视点位置。算法 6.2 给出了 CalculateRadianceIndS $(\boldsymbol{P}_2, \boldsymbol{\omega}_1)$ 的具体计算步骤[14]。算法 6.3 给出了 CalculateRadianceDS $(\boldsymbol{P}_2, \boldsymbol{\omega}_1)$ 的具体计算步骤[14]。

算法 6.2：间接光照贡献计算流程

$L^{is} \leftarrow$ CalculateRadianceIndS($\boldsymbol{P}_2, \boldsymbol{\omega}_1$) {

　　$L^{is} \leftarrow 0$;

　　产生在 0~1 范围内均匀分布的随机数 ξ;

　　if（ $\xi < \rho$ ）{

　　按均匀分布在三维球面上产生一个点 $\boldsymbol{Q}$，从球心到点 $\boldsymbol{Q}$ 确定一个单位向量 $\boldsymbol{\omega}_i$;

从点 P_2 沿 $\boldsymbol{\omega}_i$ 方向发射一条光线 R_2；

if（光线 R_2 与三维场景几何对象相交）　{

　　计算离点 P_2 最近的交点 P_3；

　　$L^{\mathrm{r}}(\boldsymbol{P}_3, -\boldsymbol{\omega}_i) \leftarrow$ CalculateRadianceIndS($\boldsymbol{P}_3, -\boldsymbol{\omega}_i$)+ CalculateRadianceDS($\boldsymbol{P}_3,$

$-\boldsymbol{\omega}_i$);

　　$L^{\mathrm{is}} \leftarrow L^{\mathrm{r}}(\boldsymbol{P}_3, -\boldsymbol{\omega}_i) \times f_s(\boldsymbol{P}_2, \boldsymbol{\omega}_i, \boldsymbol{\omega}_1) \times | \boldsymbol{\omega}_i \cdot \boldsymbol{n}_{\boldsymbol{P}_2} | \times 4\pi/\rho$;

　　}

　}

}

在算法 6.2 中，$\rho \in (0,1)$ 为接受概率，其是路径跟踪算法的一个控制参数；$\boldsymbol{n}_{\boldsymbol{P}_2}$ 表示点 $\boldsymbol{P}_2$ 处的表面单位法向量；$f_s(\boldsymbol{P}_2, \boldsymbol{\omega}_i, \boldsymbol{\omega}_1)$ 表示点 $\boldsymbol{P}_2$ 处的双向散射分布函数。在很多情况下，可以把 ρ 设置为表面光散射系数（物体表面在被光均匀照射的条件下，散射的光功率与入射光功率之比）。算法 6.2 使用在 4π 立体角空间中均匀随机采样的方法来产生光散射方向。在计算间接光照贡献时，算法 6.2 使用蒙特卡罗方法来近似估计绘制方程中的光照积分解。

算法 6.3：直接光照贡献计算流程

$L^{\mathrm{ds}} \leftarrow$ CalculateRadianceDS($\boldsymbol{P}_2, \boldsymbol{\omega}_1$) {

　$L^{\mathrm{ds}} \leftarrow 0$;

　在光源上随机选取一点 $\boldsymbol{q}$；

　if（点 $\boldsymbol{q}$ 与点 $\boldsymbol{P}_2$ 之间直接可视）{

　　令 $\boldsymbol{\omega}_q$ 为从点 $\boldsymbol{P}_2$ 指向点 $\boldsymbol{q}$ 的单位向量；

　　$G \leftarrow \dfrac{| \boldsymbol{\omega}_q \cdot \boldsymbol{n}_{\boldsymbol{P}_2} | \times | \boldsymbol{\omega}_q \cdot \boldsymbol{n}_q |}{\left\| \boldsymbol{q} - \boldsymbol{P}_2 \right\|^2}$;

　　$L^{\mathrm{ds}} \leftarrow A \times L^{\mathrm{e}}(\boldsymbol{q}, -\boldsymbol{\omega}_q) \times f_s(\boldsymbol{P}_2, \boldsymbol{\omega}_1, \boldsymbol{\omega}_q) \times G$;

　　}

　}

在算法 6.3 中，A 表示光源的面积；$\boldsymbol{n}_q$ 表示点 $\boldsymbol{q}$ 处的表面单位法向量；$L^{\mathrm{e}}(\boldsymbol{P}, -\boldsymbol{\omega}_q)$ 表示点 $\boldsymbol{q}$ 处沿 $-\boldsymbol{\omega}_q$ 方向发射的光亮度。算法 6.3 使用蒙特卡罗方法来近似计算面光源对场景点产生的直接光照贡献（只使用一个面光源采样点，即单采样蒙特卡罗估计）。算法 6.3 可以支持多个面光源照射三维场景的情形。假设三维场景中包含 M 个面光源，则选择对第 i 个面光源进行采样的概率为 A_i/A，A_i 为第 i 个面光源的面积，A 为所有面光源的总面积。如果选择对第 i 个面光源进行采样，则进一步按均匀分布在第 i 个面光源上产生采样点。如果三维场景中包含有点光源，则不能直接用算法 6.3 来计算点光源对场景点产生的直接光照贡献，在这种情况下，不需要在光源上随机选取采样点，直接根据点光源所在位置来计算直接光照贡献即可。

与光线跟踪算法相比，路径跟踪算法只处理不带分叉的光线传播路径，避免了过剩的递归光线跟踪操作，由此节省的时间可以用来实现对每个像素进行多条路径跟踪采样。虽然路径跟踪算法在理论上具有很好的性能，但它要求预先指定接受概率和光线采样策略。如果这两个参数选得不恰当，路径跟踪计算结果的方差会很大。此外，算法 6.2 和算法 6.3 能有效工作的一个前提条件是，几何对象表面的双向散射分布函数不是冲激型散射函数，即几何对象表面不是理想的镜面反（折）射表面。如果几何对象表面是理想的镜面反（折）射表面，算法 6.2 产生的光散射方向正好是镜面反（折）射方向的概率等于零。为了使路径跟踪算法能够绘制包含冲激型双向散射分布函数分量的三维场景，可以把几何对象表面的双向散射分布函数分解成两部分[14]：

$$f_s\left(\boldsymbol{P},\boldsymbol{\omega}_i,\boldsymbol{\omega}_o\right)=f_s^\infty\left(\boldsymbol{P},\boldsymbol{\omega}_i,\boldsymbol{\omega}_o\right)+f_s^0\left(\boldsymbol{P},\boldsymbol{\omega}_i,\boldsymbol{\omega}_o\right) \tag{6-1}$$

式中，$f_s^\infty(\cdot)$ 表示双向散射分布函数的冲激型分量；$f_s^0(\cdot)$ 表示双向散射分布函数的非冲激型分量。每个冲激型双向散射分布函数分量都可以用一个散射方向 $\boldsymbol{\omega}_o$ 和对应的散射系数来描述。当几何对象表面材质包含冲激型双向散射分布函数分量时，场景点 $\boldsymbol{P}$ 处的间接光照可以写为[14]

$$L^{\mathrm{ind}}\left(\boldsymbol{P},\boldsymbol{\omega}_o\right)=\left[\sum_m k_m L^{\mathrm{r}}\left(\boldsymbol{P},-\boldsymbol{\omega}_m\right)\right]$$
$$+\int_{\boldsymbol{\omega}_i\in S^2\left(\boldsymbol{n}_P\right)}f_s^0\left(\boldsymbol{P},\boldsymbol{\omega}_i,\boldsymbol{\omega}_o\right)L^{\mathrm{r}}\left(\boldsymbol{P},-\boldsymbol{\omega}_i\right)\left|\boldsymbol{\omega}_i\cdot\boldsymbol{n}_P\right|\mathrm{d}\boldsymbol{\omega}_i \tag{6-2}$$

式中，m 用来标识冲激型反射或者透射，$m=1$ 表示反射，$m=2$ 表示透射；$L^{\mathrm{r}}\left(\boldsymbol{P},-\boldsymbol{\omega}_i\right)$ 表示沿 $-\boldsymbol{\omega}_i$ 方向入射到点 $\boldsymbol{P}$ 处的光亮度。注意，式（6-2）的积分区域是入射光线方向空间，不是光源表面，所以没有包含光源可见性函数项。由于路径跟踪算法使用单采样蒙特卡罗估计方法来近似计算间接光照值，式（6-2）可以写为[14]

$$L^{\mathrm{ind}}\left(\boldsymbol{P},\boldsymbol{\omega}_o\right)\approx\left[\sum_m k_m L^{\mathrm{r}}\left(\boldsymbol{P},-\boldsymbol{\omega}_m\right)\right]$$
$$+\frac{1}{p_{\mathrm{den}}\left(\boldsymbol{\omega}_i\right)}f_s^0\left(\boldsymbol{P},\boldsymbol{\omega}_i,\boldsymbol{\omega}_o\right)L^{\mathrm{r}}\left(\boldsymbol{P},-\boldsymbol{\omega}_i\right)\left|\boldsymbol{\omega}_i\cdot\boldsymbol{n}_P\right|$$
$$=k_1 L^{\mathrm{r}}\left(\boldsymbol{P},-\boldsymbol{\omega}_1\right)+k_2 L^{\mathrm{r}}\left(\boldsymbol{P},-\boldsymbol{\omega}_2\right)+K\left(\boldsymbol{\omega}_i\right)L^{\mathrm{r}}\left(\boldsymbol{P},-\boldsymbol{\omega}_i\right) \tag{6-3}$$

式中，

$$K(\boldsymbol{\omega}_i) = \frac{1}{p_{\mathrm{den}}(\boldsymbol{\omega}_i)} f_s^0 \left(\boldsymbol{P}, \boldsymbol{\omega}_i, \boldsymbol{\omega}_o\right) \left|\boldsymbol{\omega}_i \cdot \boldsymbol{n}_{\boldsymbol{P}}\right| \tag{6-4}$$

其中，$p_{\mathrm{den}}(\boldsymbol{\omega}_i)$ 表示随机取样方向 $\boldsymbol{\omega}_i$ 的概率密度。因此，不管是冲激型还是非冲激型双向散射分布函数分量，就路径跟踪算法的实现而言，两者的差别只表现在具体系数不同，即 k_m 和 $K(\boldsymbol{\omega}_i)$ 不同。注意，在具体执行路径跟踪算法的过程中，如果三维场景几何对象不透明，在随机取样 $\boldsymbol{\omega}_i$ 时，为了减少无用的运算操作，只需在点 $\boldsymbol{P}$ 的法向量指向的正半空间内按均匀分布随机选择一个方向，此时 $p_{\mathrm{den}}(\boldsymbol{\omega}_i) = (2\pi)^{-1}$；如果三维场景几何对象透明，在随机取样 $\boldsymbol{\omega}_i$ 时，则需在点 $\boldsymbol{P}$ 四周的整个 4π 立体角空间内按均匀分布随机选择一个方向，此时 $p_{\mathrm{den}}(\boldsymbol{\omega}_i) = (4\pi)^{-1}$。

　　光线跟踪绘制结果在严格意义上是错误的，然而从绘制画面的视觉效果上说，其看起来比较舒服。路径跟踪绘制结果在统计意义上是正确的，但单幅绘制画面中会存在噪声。在路径跟踪算法中不断增加光线传播路径采样条数可以使绘制画面越来越接近正确结果，但是，在光线跟踪算法中不断增加每个光线–几何对象交点处的散射光线条数并不会使绘制画面越来越逼近正确结果。产生上述结果的原因如下：在光线跟踪中，光线传播路径在达到某一跟踪深度后就终止，从而导致信息损失；在路径跟踪中，总是存在一定的概率处理任意跟踪深度的光线传播路径。

6.3　光线传播路径采样

6.3.1　基本的重要性采样

　　前面在叙述路径跟踪算法时，使用均匀采样方法来生成散射光线方向。这种方法无需利用任何有关被积函数的信息，实现起来很简单，但是容易导致绘制的画面出现明显的噪声。为了减小噪声，往往需要在路径跟踪中实现某种重要性采样算法。重要性采样是一种蒙特卡罗积分估计方差缩减技术。重要性采样思想的着眼点是，蒙特卡罗积分估计器根据非常类似于被积函数的概率密度函数来选取样点，有助于最终计算结果的快速收敛。实际上，这就是要求在概率意义上尽量选取那些使被积函数取值相对较高的样点来进行蒙特卡罗估计。

　　对于式（6-2）中的积分，通过分析被积函数包含的三个函数项可以设计出不同的重要性采样方案。这里考虑 $\left|\boldsymbol{\omega}_i \cdot \boldsymbol{n}_{\boldsymbol{P}}\right|$，如果方向采样 $\boldsymbol{\omega}_i$ 与 $\boldsymbol{n}_{\boldsymbol{P}}$ 几乎垂直，则 $\left|\boldsymbol{\omega}_i \cdot \boldsymbol{n}_{\boldsymbol{P}}\right| \approx 0$；此时对沿 $\boldsymbol{\omega}_i$ 方向散射的光线进一步跟踪计算实际上并无价值，因为其对最终的积分计算结果的影响很小。在球坐标系下，光线方向可以用方位角和仰角来指定。为了避免出现上述问题，在设计采样算法时，使光线的仰角取样概

率密度正比于仰角的余弦值，光线的方位角取 0~2π 均匀分布的随机数。图 6-5
给出了余弦重要性方向采样概率密度的示意图，其中的细圆形实线上的点到点 **P**
的距离表示对应采样方向的概率密度。从图 6-5 可以发现，选取水平方向的概率
密度为 0，选取平行于 n_p 的方向的概率密度最大。为了生成满足以上要求的方向
采样，产生两个在 0~1 均匀分布的随机数 ξ_1 和 ξ_2，则在图 6-5 所示坐系中的随
机方向采样 $\boldsymbol{\omega}_i$ 为

$$\boldsymbol{\omega}_i = \begin{bmatrix} \xi_2 \cos(2\pi\xi_1) \\ \xi_2 \sin(2\pi\xi_1) \\ \cos[\arcsin(\xi_2)] \end{bmatrix} \tag{6-5}$$

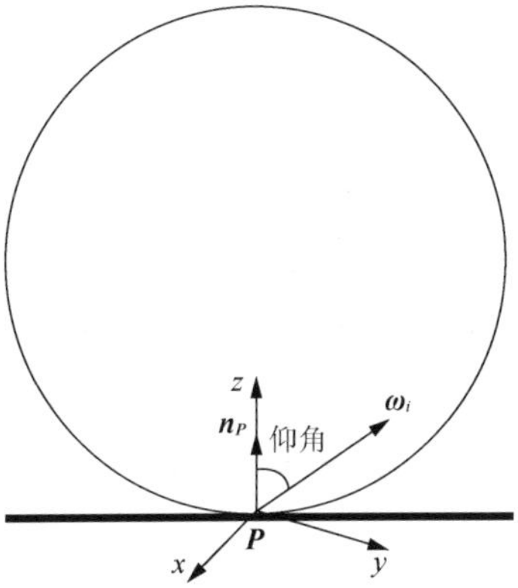

图 6-5　余弦重要性方向采样概率密度

图 6-6 给出了根据余弦项进行重要性采样生成的 50 个随机采样方向结果，可
以看到，越靠近正上方，采样方向越密集。

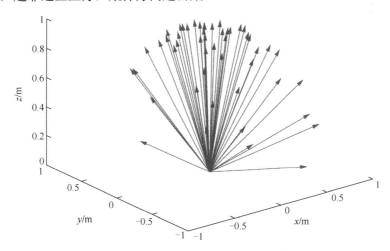

图 6-6　对余弦项进行重要性方向采样

如果考虑式（6-2）的被积函数的 $f_s^0(\cdot)$ 函数项，则在取样散射光线方向时，应该在概率意义上选取使 $f_s^0(\cdot)$ 尽可能大的方向，对那些使 $f_s^0(\cdot)$ 取非常小的值的方向进行光线传播路径递归跟踪对最终的计算结果贡献很小。对于光滑几何对象，通过对 $f_s^0(\cdot)$ 进行重要性采样，可以显著地减小绘制结果的噪声方差。在实际中，只有少数双向散射分布函数能够很好地实现重要性采样。当然，对双向散射分布函数和前述仰角余弦项的组合进行重要性采样也是一种常见的实施方式。文献[15]给出了对 Phong 双向反射分布函数进行重要性采样的方法，该方法首先生成两个在 0～1 均匀分布的随机数 ξ_1 和 ξ_2，然后据此确定随机方向采样 $\boldsymbol{\omega}_i$ 为

$$\boldsymbol{\omega}_i = \begin{bmatrix} \sqrt{1 - \xi_1^{2/(k+1)}} \cos(2\pi\xi_2) \\ \sqrt{1 - \xi_1^{2/(k+1)}} \sin(2\pi\xi_2) \\ \xi_1^{1/(k+1)} \end{bmatrix} \tag{6-6}$$

式中，k 表示 Phong 指数，用于控制物体表面光泽度。式（6-6）的向量所在坐标系的 z 轴定义为理想镜面反射方向。

图 6-7 给出了对 Phong 双向反射分布函数进行重要性方向采样的结果，其中，$k = 20$，总共生成了 50 个方向采样。从图 6-7 可以看出，采样得到的光线方向主要集中在靠近理想镜面反射方向的立体角空间内。

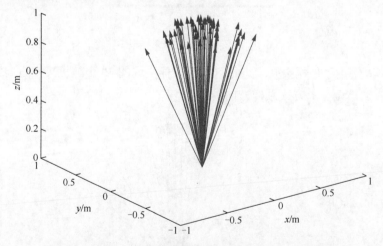

图 6-7　对 Phong 双向反射分布函数进行重要性方向采样

如果考虑式（6-2）的被积函数的 $L^i(\boldsymbol{P}, -\boldsymbol{\omega}_i)$ 函数项，则在取样散射光线方向时，应该在概率意义上选取使 $L^i(\boldsymbol{P}, -\boldsymbol{\omega}_i)$ 尽可能大的方向。由于 $L^i(\boldsymbol{P}, -\boldsymbol{\omega}_i)$ 表示入射亮度值，是一个未知量，为了能够根据 $L^i(\boldsymbol{P}, -\boldsymbol{\omega}_i)$ 来进行重要性采样，需要在绘制过程中先近似估计出 $L^i(\boldsymbol{P}, -\boldsymbol{\omega}_i)$，然后采用自适应方法来实现光线方向重要性采样。

6.3.2　多重重要性采样

在执行路径跟踪时，特定的重要性采样策略可能对某些类型的光线传播路径有效，而对其他类型的光线传播路径则显得很低效。在实际编写路径跟踪算法程序时，很难确切地知道哪种重要性采样策略对哪些光线传播路径有效。例如，根据特定的采样概率密度函数，能够在余弦项取值较高的立体角空间范围内产生大量光线方向采样，但是，在这些方向上可能双向散射分布函数项的取值却非常小，显然，这些方向采样对最终的计算结果的贡献也会很小。为了解决这个问题，可以使用多重重要性采样策略来生成散射光线方向采样。多重重要性采样策略最早由 Veach 和 Guibas 提出[16]。基于多重重要性采样策略的蒙特卡罗积分估计器已被证明具有统计无偏性。假设要在区域 $\mathscr{D}$ 上对函数 $f(X)$ 求积分，现有 M 个概率密度函数 $p_1(X), p_2(X), \cdots, p_M(X)$，根据不同的概率密度函数能对被积函数 $f(X)$ 包含的不同项进行重要性采样，例如，$p_1(X)$ 用于对绘制方程被积函数的余弦项进行重要性采样，$p_2(X)$ 用于对绘制方程被积函数的双向散射分布函数项进行重要性采样。根据第 i 个概率密度函数，在区域 $\mathscr{D}$ 上产生 K_i 个随机样本，则利用多重重要性采样进行积分近似计算的蒙特卡罗估计器为[15]

$$I = \sum_{i=1}^{M} \sum_{j=1}^{K_i} \frac{w_i\left(X_{i,j}\right) \cdot f\left(X_{i,j}\right)}{K_i \cdot p_i\left(X_{i,j}\right)} \tag{6-7}$$

式中，K_i 表示根据概率密度函数 $p_i(X)$ 产生的随机样本的个数；$w_i(X)$ 表示权重函数，其满足如下约束条件：

$$w_i(X) \geqslant 0 \tag{6-8}$$

$$\sum_{i=1}^{M} w_i(X) = 1 \tag{6-9}$$

在进行多重重要性采样时，如何设计权重函数是一个值得深入探讨的问题。文献[15]给出了一种权重函数设计方法，即

$$w_i(X) = \frac{c_i p_i(X)}{q(X)} \tag{6-10}$$

式中，

$$q(X) = \sum_{i=1}^{M} c_i p_i(X) \tag{6-11}$$

$$c_i \geqslant 0 \tag{6-12}$$

$$\sum_{i=1}^{M} c_i = 1 \tag{6-13}$$

实际上，根据式（6-10）～式（6-13），式（6-7）可以写为

$$I = \frac{1}{\sum\limits_{i=1}^{M} K_i} \sum_{i=1}^{M} \sum_{j=1}^{K_i} \frac{f\left(X_{i,j}\right)}{q\left(X_{i,j}\right)} \qquad (6\text{-}14)$$

根据式（6-14）可知，在实际编写多重重要性采样程序时，只需按照组合概率密度函数 $q(X)$ 在区域 $\varOmega$ 上产生 $K_1 + K_2 + \cdots + K_M$ 个样本即可，无需针对每个概率密度函数 $p_i(X)$ 进行专门处理。其他的一些权重函数设计方法有[15]

$$w_i\left(X\right) = \begin{cases} 1, & c_i p_i\left(X\right) = \max\limits_{j}\left\{c_j p_j\left(X\right)\right\} \\ 0, & \text{其他} \end{cases} \qquad (6\text{-}15)$$

$$w_i\left(X\right) = c_i p_i^m\left(X\right)\left[\sum_{j=1}^{M} c_j p_j^m\left(X\right)\right]^{-1} \qquad (6\text{-}16)$$

式中，$m \geqslant 1$。

6.4　路径跟踪算法扩展

　　焦散是一种在日常生活中经常可以被观察到的光学物理现象。例如，在晴朗夏日里可以看到露天游泳池底形成的随波晃动的亮斑，在透明玻璃材质物体投射到地面上的阴影区中可以看到比周围更亮的亮斑（如图 6-8 所示）。从物理上说，光滑几何对象对光线产生汇聚，进而在其他物体表面上形成比周围更亮的区域，这就是焦散斑。实际上，除了透明光滑几何对象对光线的折射外，光滑几何对象对光线的反射也有可能使光线发生汇聚，进而在其他物体表面上形成焦散斑。从光照传输路径的角度讲，按 3.3 节的分类方法，LS^+DE 类型的光照传输路径可以形成焦散视觉效果。事实上，用常规的光线跟踪方法难以绘制出焦散效果，用从视点开始的单向路径跟踪算法同样难以绘制出焦散效果。6.1 节曾介绍过双向路径

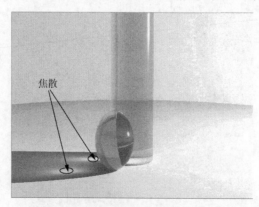

焦散

图 6-8　透明几何对象对光的折射产生的焦散

跟踪算法，该算法分别从视点和光源开始生成视点光线传播路径采样和光源光线传播路径采样，然后对这两类光线传播路径采样进行拼接，得到连接视点和光源的光线传播路径（如果拼接线段被几何对象阻挡，则对应光线传播路径的光照贡献为零）。由于增加了直接从光源跟踪光线传播的操作，使用双向路径跟踪方法可以有效地绘制焦散效果。

尽管从理论上说，双向路径跟踪算法可以用来绘制三维场景中的焦散，但是其需要生成数目巨大的路径采样才能获得视觉美观的焦散绘制结果[5]，因此，不少研究者提出了许多其他焦散效果绘制方法。Jensen 对双向路径跟踪算法进行了扩展，提出光子映射算法[3]。光子映射算法把路径跟踪推广成跟踪光子在三维场景中的传播与碰撞过程。当光子与三维几何对象发生碰撞时，使用俄罗斯轮盘赌算法根据散射概率来决定光子是被吸收还是被散射并进一步传播。光子在几何对象表面的散射概率可以根据表面的双向散射分布函数计算得出。与双向路径跟踪类似，首先从光源开始跟踪光线传播路径，但不同于双向路径跟踪，光子映射把光线传播看成是光子传播，当光子碰到非镜面几何对象时，将碰撞位置、入射光能量、入射方向作为一条光子记录数据保存到光子图中，如果光子未被几何对象表面吸收，则继续跟踪光子的传播。然后从视点开始跟踪光线传播路径，在视点光线传播路径与三维几何对象的每个交点处利用密度估计技术收集其邻近区域内的光子，并据此计算由交点散射到达视点的光亮度。注意，光子最后碰撞的几何对象表面不应该是镜面反射或者镜面透射表面[4]。光子映射算法的关键是引入了光子收集和散射光亮度估计思想。光子映射的基本算法思想如图 6-9 所示，其中空心圆圈表示视点光线传播路径与三维几何对象的交点，实心圆圈表示光子与非镜面几何对象的碰撞位置。

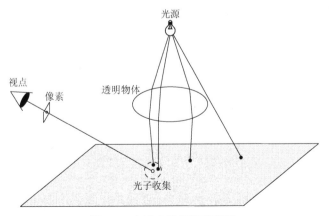

图 6-9　光子映射思想示意图

多年来，人们对基本光子映射算法进行了许多扩展。Purcell 等[6]提出一种能够完全在 GPU 上运行的光子映射修正算法，该算法使用宽度优先策略在 GPU 上跟踪光子，光子被保存在基于网格的光子图中，光子图可以用两种不同的方法创建：第一种方法通过多遍绘制使用片段程序将光子排序放入对应的网格中；第二种方法综合利用顶点程序和模板缓存通过单遍绘制将光子放到对应的网格中。Czuczor 等[7]提出把光子保存在 GPU 纹理中，将传统的基于 KD-tree 的邻域查找操作替换为纹理滤波操作，通过执行单个纹理查找操作即可完成一个场景点处的光照收集运算。使用 Czuczor 等的方法，光子收集计算可以完全在 GPU 上执行。Hachisuka 等[8]提出了渐近光子映射算法，该算法属于多遍绘制算法，每遍光子跟踪的结果都用来使全局光照解更精确（也就是使全局光照解逐步求精）。实现算法的关键是设计出一种新的光子收集方法，其无需先把所有光子都保存到光子图中，就能够根据部分光子跟踪结果来不断精化已有全局光照解，因此，该算法不像标准光子映射算法那样受计算机系统内存大小限制。

光子映射算法包含三个重要的控制参数：光源发射的光子总数、光子收集时需收集的光子个数、光子与三维几何对象碰撞的最大次数。这三个参数对光子映射算法的绘制结果有重要影响。如果用 KD-tree 来保存光子数据，则可使用光子的碰撞位置作为关键字来存储光子数据。图 6-10 所示为光子收集示意图，其中，实心圆圈表示光子图中保存的光子记录数据所对应的空间位置，空心圆圈表示一个可视场景点。在估计场景点 P 处沿 $\boldsymbol{\omega}_o$ 方向散射的光亮度时，首先，以点 P

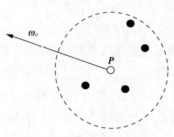

图 6-10　光子收集示意图

为中心确定一个球，不断增加球半径 r，直到在球内收集到 k 个光子为止；然后，场景点 P 处沿 $\boldsymbol{\omega}_o$ 方向散射的光亮度 $L^s\left(\boldsymbol{P},\boldsymbol{\omega}_o\right)$ 可写为

$$L^s\left(\boldsymbol{P},\boldsymbol{\omega}_o\right)=\sum_{n=1}^{k}f_s\left(\boldsymbol{P},\boldsymbol{\omega}_{i,n},\boldsymbol{\omega}_o\right)\varPhi_{i,n}\mathcal{K}\left(\boldsymbol{Q}_n-\boldsymbol{P}\right) \tag{6-17}$$

式中，$\varPhi_{i,n}$ 表示第 n 个光子的入射光能量；第 n 个光子的入射方向为 $-\boldsymbol{\omega}_{i,n}$；$\boldsymbol{Q}_n$ 表示第 n 个光子的空间位置；$f_s\left(\boldsymbol{P},\boldsymbol{\omega}_{i,n},\boldsymbol{\omega}_o\right)$ 为点 $\boldsymbol{P}$ 处的双向散射分布函数；$\mathcal{K}\left(\boldsymbol{Q}_n-\boldsymbol{P}\right)=1/\left(\pi r^2\right)$ 为光子密度估计器[14]。从式（6-17）可以看出，在场景点的散射光亮度估计中，光子映射算法把场景点附近的光子的入射方向近似当做场景点的光照入射方向，并根据光子携带的光能量来计算散射光亮度。然而，当收集的光子的入射方向和场景点真实光照入射方向不同时，这种近似处理会引入误差。前述光亮度估计方法虽然统计有偏，然而却是统计意义上的相容估计，因为当跟踪的光子数不断增加时，在半径为 r 的球内收集到的 k 个光子会越来越接近场景

点 *P*，即光亮度估计结果会越来越接近真实值。

前面讨论的光子映射算法在几何对象空间中执行计算操作，其计算复杂度与三维场景的几何面片数密切相关。McGuire 和 Luebke 提出图像空间光子映射算法[4]，其利用 GPU 对光子传播路径的第一段（从光源到光子的第一个碰撞点）和最后一段（从视点到光子的最后一个碰撞点）计算进行加速，适合用在实时交互式全局光照绘制之中。McGuire 和 Luebke 的算法能够很好地利用 GPU 来实现光子跟踪计算加速的原因是，光子传播路径的第一段和最后一段具有良好的空间相关性。在设计算法时，McGuire 和 Luebke 引入了光子反射图和光子体两个概念。图像空间光子映射算法的主要步骤如算法 6.4 所示[4]。

算法 6.4：图像空间光子映射算法计算流程

（1）**foreach** 点光源 *S*

① 把相机移到点光源 *S* 所在位置，绘制三维场景，生成阴影图和光源几何缓冲区（G-buffer）；

② 从点光源 *S* 发射光子，根据 G-Buffer 中的数据直接找到光子与三维场景对象的第一次碰撞位置，把光子的碰撞位置、入射方向和光能量存到光子反射图中；

③ 用光线跟踪技术对光子反射图中的光子进一步跟踪，直到光子被吸收为止，每次在对光子进行散射和跟踪之前，把光子数据保存到光子图中。

　　end

（2）把相机移到视点位置，按照正常观察参数绘制三维场景，生成视点 G-buffer；

（3）使用阴影图和视点 G-buffer 延迟着色技术计算直接光照；

（4）通过对光子体执行散射操作来绘制间接光照；

（5）在只考虑直接、镜面反射和折射光照的情况下，从后往前绘制半透明表面。

G-buffer 中保存双向散射分布函数参数、世界空间坐标位置、世界空间表面法向量和深度值。光子反射图用于保存在第一次碰撞位置处的向外散射光子，其携带的光能量和第二次碰撞位置处的入射光子携带的光能量相同。光子图用于保存第二次碰撞至第 *M* 次碰撞位置处的入射光子数据（*M*≥2）。图像空间光子映射算法在估计场景点的间接光照时，并不是使用光子收集方法，而是把光子的光照散射到邻近的像素中。图像空间光子映射算法为每个光子创建一个光子包围体（即包围光子的封闭体），凡是处在光子包围体内的像素都可以接收到对应光子的光照贡献，相应的计算公式为[4]

$$\Delta L(s,\boldsymbol{\omega}_o)=f_s(s,\boldsymbol{\omega}_i,\boldsymbol{\omega}_o)\cdot\max(0,\boldsymbol{\omega}_i\cdot\boldsymbol{n})\cdot\boldsymbol{\Phi}_i\cdot\mathcal{K}(x-s,\boldsymbol{n}_p) \tag{6-18}$$

式中，$\boldsymbol{n}_p$ 表示光子所在位置的表面法向量；$\boldsymbol{n}$ 表示像素对应的可视场景点 s 处的着色面法向量；x 表示光子所在空间位置；$\boldsymbol{\omega}_i$ 表示光子的入射单位方向向量；$\boldsymbol{\omega}_o$ 表示从点 s 指向视点的单位向量；$\boldsymbol{\Phi}_i$ 表示光子携带的光能量；滤波函数 $\mathcal{K}(\cdot)$ 为

$$\mathcal{K}(x-s,\boldsymbol{n}_p)=\begin{cases}\mathrm{kernel1d}[t], & 0\leqslant t\leqslant 1\\ 0, & t>1\end{cases} \tag{6-19}$$

$$t=\frac{\|x-s\|}{r_{xy}}\left(1-\left|\frac{x-s}{\|x-s\|}\cdot\boldsymbol{n}_p\right|\frac{r_{xy}-r_z}{r_z}\right) \tag{6-20}$$

McGuire 和 Luebke 把 $\mathcal{K}(\cdot)$ 表示成一个在单位距离内的一维下降函数，其被不对称地映射到三维椭球空间区域中，平行于场景点切平面的椭球长轴为 r_{xy}，沿法向量 $\boldsymbol{n}_p$ 方向的椭球短轴为 r_z，如图 6-11 所示。式（6-19）中的 kernel1d 对应的运算可看成是一维纹理拾取操作，即给定一个纹理坐标 t，拾取与之对应的纹理值。

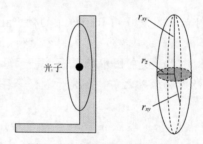

图 6-11　滤波函数几何示意图

　　式（6-19）所示滤波函数可以在 GPU 上用一维纹理查找来高效地实现。在计算时，先根据 x、s、$\boldsymbol{n}_p$、r_{xy}、r_z 等参数计算纹理坐标 t，然后根据纹理坐标 t 取出对应的纹理值。图像空间光子映射算法只能绘制点光源照射的三维场景，然而该算法在图像空间中执行操作，因此能够支持足够高的绘制帧速率，可满足实时交互式应用的要求。

　　从本质上讲，路径跟踪算法能绘制出统计意义上正确的画面，而光线跟踪和光子映射算法都不具备这个能力。然而，人眼具有独特的视觉特性，通常人眼难以准确地感知物体散射的绝对光亮度，但是对相邻的两个物体散射的光亮度差异却非常敏感。当光线传播路径采样数不够多时，用路径跟踪算法绘制的画面通常包含明显的散粒噪声。由于人眼的上述视觉特性，人眼能清晰地感知到这些散粒噪声。相比于路径跟踪算法，用光线跟踪算法绘制的画面通常不存在散粒噪声问题，因此在视觉上可能更容易被人眼所接受。

参 考 文 献

[1] Eisenacher C, Nichols G, Selle A, et al. Sorted deferred shading for production path tracing. Computer Graphics Forum, 2013, 32(4): 125-132.

[2] Hery C, Villemin R. Physically based lighting at pixar//Physically Based Shading in Theory and Practice. Proceedings of SIGGRAPH 2013 Course, Anaheim, 2013.

[3] Jensen H W. Global Illumination Using Photon Maps. Proceedings of the Eurographics Workshop on Rendering Techniques'96, Porto, 1996: 21-30.

[4] McGuire M, Luebke D. Hardware-Accelerated Global Illumination by Image Space Photon Mapping. Proceedings of the Conference on High Performance Graphics, New Orleans, 2009: 77-89.

[5] Günther J, Wald I, Slusallek P. Realtime Caustics Using Distributed Photon Mapping. Proceedings of Eurographics Symposium on Rendering, Norrkping, 2004: 111-122.

[6] Purcell T J, Donner C, Cammarano M, et al. Photon Mapping on Programmable Graphics Hardware. Proceedings of Graphics Hardware, San Diego, 2003: 258-267.

[7] Czuczor S, Szirmay-Kalos L, Szécsi L, et al. Photon map gathering on the GPU//Dingliana J, Ganovelli F. Eurographics Short Presentations. The Eurographics Association, 2005:117-120. https://diglib.eg.org/ handle/10.2312/egs[2005-10-38].

[8] Hachisuka T, Ogaki S, Jensen H W. Progressive photon mapping. ACM Transactions on Graphics, 2008, 27(5): 130.

[9] 陈纯毅, 杨华民, 李文辉, 等. 基于帧间虚拟点光源重用的动态场景间接光照近似求解算法. 吉林大学学报(工学版), 2013, 43(5): 1352-1358.

[10] 马爱斌, 陈纯毅, 李华. 基于反射阴影图的间接光照绘制改进算法. 长春理工大学学报(自然科学版), 2015, 38(1): 136-142.

[11] Kajiya J T. The Rendering Equation. Proceedings of the 13th Annual Conference on Computer Graphics and Interactive Techniques, Los Angeles, 1986: 143-150.

[12] Lafortune E P, Willems Y D. Bi-Directional Path Tracing. Proceedings of Compugraphics'93, Alvor, 1993: 145-153.

[13] Veach E, Guibas L. Bidirectional estimators for light transport//Photorealistic Rendering Techniques. Berlin: Springer, 1994: 145-167.

[14] Hughes J F, Dam A V, McGuire M, et al. Computer Graphics: Principles and Practice. Upper Saddle River: Pearson Education, Inc., 2014.

[15] Arvo J, Dutre P, Keller A, et al. Monte Carlo Ray Tracing. Proceedings of ACM SIGGRAPH 2003 Course, San Diego, 2003: 44.

[16] Veach E, Guibas L J. Optimally Combining Sampling Techniques for Monte Carlo Rendering. Proceedings of ACM SIGGRAPH'95, Los Angeles, 1995: 419-428.

第 7 章　基于虚拟点光源的真实感三维场景绘制

第 6 章讨论了基于路径跟踪的三维场景绘制算法，其核心思想是通过对光线传播路径进行采样，用蒙特卡罗积分方法来求解绘制方程。基本路径跟踪算法从视点位置出发，生成光线传播路径采样。双向路径跟踪算法则分别从视点和光源位置出发，生成视点光线传播路径采样和光源光线传播路径采样。与双向路径跟踪算法类似，光子映射算法从光源发射光子，跟踪光子在三维场景中的传播过程，并把光子与三维几何对象的碰撞位置及相关数据记录在光子图中，最后从视点出发跟踪光线在三维场景中的传播，在光线与三维几何对象的交点位置处收集附近的光子，据此近似计算这些光子携带的光能量经几何对象散射后到达视点的光亮度值。如果把光子映射中的光子看成是虚拟点光源，并用虚拟点光源来照射三维场景，计算这些虚拟点光源对三维场景点产生的直接光照贡献，则间接光照求解问题就简化为计算多点光源对三维场景产生的直接光照贡献问题[1,2]。本章将详细讨论通过虚拟点光源来计算三维场景的间接光照的方法。

7.1　虚拟点光源与间接光照近似计算

除了前面几章讨论过的光能辐射度算法、光线跟踪算法、路径跟踪算法、光子映射算法等三维场景全局光照求解技术外，目前，瞬态光能辐射度算法及其变种[3-6]在全局光照绘制领域中也受到广泛关注。与光子映射算法类似，瞬态光能辐射度算法也包括两个计算过程：第一个过程是，从光源向三维场景发射光子（也可看成是光线），并记录光子与几何对象相交处的位置、法向量、光照强度等数据；第二个过程是，在上述交点位置处创建虚拟点光源（virtual point light，VPL），以这些虚拟点光源照射三维场景时产生的光照贡献作为间接光照的近似。通常情况下，计算三维场景间接光照所需的虚拟点光源数比光子映射中的光子数要少得多，因此，瞬态光能辐射度算法的速度比光子映射快。

从原理上说，瞬态光能辐射度算法中的光子发射及其与几何对象的求交可以使用光线跟踪方法来实现。如果在绘制过程中只考虑 $L(D|G)(D|G)E$ 类型的光线传播路径导致的间接光照，则可以使用 Dachsbacher 和 Stamminger[7]提出的反射阴影

图（reflective shadow map，RSM）方法来快速产生三维场景的虚拟点光源。直接利用 GPU 的光栅化功能计算反射阴影图，然后再按照某种策略从反射阴影图中选取一个像素子集来创建虚拟点光源。值得注意的是，Dachsbacher 和 Stamminger 的基于反射阴影图的间接光照计算方法未考虑间接光照的虚拟点光源可见性问题。为了将可见性纳入间接光照计算之中，需要为每个虚拟点光源创建阴影图，然后用阴影映射方法判断各虚拟点光源对场景点的可见性。Yu 等[8]的研究结果表明，对于间接光照来说，使用近似可见性计算得到的结果在大多数情况下都可以被接受，精确的可见性计算并无太大必要。

当三维场景比较复杂时，为了绘制出满意的全局光照结果，需要创建数量较多的虚拟点光源。在这种情况下，为每个虚拟点光源创建阴影图会产生较大的时间和资源开销。与直接光照不同，三维场景中的间接光照变化通常比较平滑。所以，为虚拟点光源创建的阴影图的分辨率不用太高，某些情况下 32×32 的分辨率就足够了。此外，为了进一步降低阴影图创建过程中三维场景的变换处理开销，可以利用残缺阴影图（imperfect shadow map，ISM）算法[9]来提高阴影图生成速度。ISM 算法处理基于点表示的三维场景，计算速度大大提高，且每个虚拟点光源的阴影图基于不同的三维场景采样点来进行创建，避免了累积误差。然而，ISM 算法也存在两个缺点：第一，为了绘制出满意的间接光照结果，需要生成大量的虚拟点光源，但是在计算过程中并没有考虑不同虚拟点光源对最终绘制结果的实际贡献，这导致了大量不必要的计算；第二，基于点的三维场景表示方法对于复杂场景来说过于粗糙，这容易导致绘制结果出现走样。

根据 Veach 给出的三维场景光照传播的路径表述方法[10]，虚拟屏幕上的像素 j 接收到的间接光照可写成如下的积分形式[11]：

$$I_j^{\text{ind}} = \int_{\Omega_{\text{ind}}} f_j(\overline{\boldsymbol{x}}) \mathrm{d}\mu(\overline{\boldsymbol{x}}) \tag{7-1}$$

式中，间接光照传播路径空间 $\Omega_{\text{ind}} = \bigcup_{k \geqslant 3} \Omega_k$，$\Omega_k$ 表示由包含 k 个光照直线传播线段的所有路径组成的空间；$\overline{\boldsymbol{x}} = \boldsymbol{x}_0 \boldsymbol{x}_1 \cdots \boldsymbol{x}_k$ 为 Ω_k 中的一条光照传播路径，其中，$\boldsymbol{x}_0$ 表示相机所在位置，$\boldsymbol{x}_1$ 表示像素 j 对应的可视场景点，$\boldsymbol{x}_k$ 表示初始光源位置，$\boldsymbol{x}_2 \cdots \boldsymbol{x}_{k-1}$ 为三维场景中的 $k-2$ 个光照散射点；$\mu(\cdot)$ 表示 Ω_{ind} 上的一个测度；路径 $\overline{\boldsymbol{x}}$ 对像素 j 的间接光照贡献 $f_j(\overline{\boldsymbol{x}})$ 为

$$f_j(\overline{\boldsymbol{x}}) = L_e(\boldsymbol{x}_k \to \boldsymbol{x}_{k-1}) \left[\prod_{i=1}^{k-1} f_r(\boldsymbol{x}_{i+1} \to \boldsymbol{x}_i \to \boldsymbol{x}_{i-1}) G(\boldsymbol{x}_i \leftrightarrow \boldsymbol{x}_{i+1}) \right] \tag{7-2}$$

式中，$f_r(\cdot)$ 为几何表面的双向反射分布函数，$L_e(\boldsymbol{x}_k \to \boldsymbol{x}_{k-1})$ 表示从初始光源入射到点 $\boldsymbol{x}_{k-1}$ 上的光照值；$G(\cdot)$ 为光照在两个场景点之间传播的几何因子，可写为

$$G(\boldsymbol{x}_i \leftrightarrow \boldsymbol{x}_{i+1}) = \frac{\cos\theta\cos\theta'}{\|\boldsymbol{x}_i - \boldsymbol{x}_{i+1}\|^2} \qquad (7\text{-}3)$$

式中，θ 为向量 $\boldsymbol{x}_i \to \boldsymbol{x}_{i+1}$ 与点 $\boldsymbol{x}_i$ 处的法向量之间的夹角；θ' 为向量 $\boldsymbol{x}_{i+1} \to \boldsymbol{x}_i$ 与点 $\boldsymbol{x}_{i+1}$ 处的法向量之间的夹角。

Ω_{ind} 中的任意一条间接光照传播路径 $\bar{\boldsymbol{x}}$ 可分为两部分，即 $\bar{\boldsymbol{x}}_c = \boldsymbol{x}_0\boldsymbol{x}_1$ 和 $\bar{\boldsymbol{x}}_s = \boldsymbol{x}_2\cdots\boldsymbol{x}_k$。不难发现，对于给定的像素 j，其对应的间接光照传播子路径 $\bar{\boldsymbol{x}}_c$ 是固定的，不同的间接光照传播路径仅表现为 $\bar{\boldsymbol{x}}_s$ 的不同。瞬态光能辐射度算法首先在场景中创建一系列子路径 $\bar{\boldsymbol{x}}_s$，并在其端点 $\boldsymbol{x}_2$ 处创建虚拟点光源，将这些虚拟点光源对可视场景点的光照贡献作为间接光照近似值。

对于可视场景点 $\boldsymbol{x}_1$ 和位于点 $\boldsymbol{x}_2$ 处的虚拟点光源来说，源自该虚拟点光源的经点 $\boldsymbol{x}_1$ 反射进入虚拟相机的间接光照值 $I_{\boldsymbol{x}_1}$ 满足如下关系[11]：

$$I_{\boldsymbol{x}_1} \propto f_r(\boldsymbol{x}_2 \to \boldsymbol{x}_1 \to \boldsymbol{x}_0) G(\boldsymbol{x}_1 \leftrightarrow \boldsymbol{x}_2) f_r(\boldsymbol{x}_3 \to \boldsymbol{x}_2 \to \boldsymbol{x}_1) \qquad (7\text{-}4)$$

式中，$\boldsymbol{x}_3$ 表示虚拟点光源的光照来源位置；$f_r(\cdot)$ 表示双向反射分布函数；$G(\cdot)$ 表示几何因子，其正比于 $\|\boldsymbol{x}_1 - \boldsymbol{x}_2\|^{-2}$。如果点 $\boldsymbol{x}_1$ 和点 $\boldsymbol{x}_2$ 非常靠近，则 $G(\cdot)$ 会非常大，进而导致 $I_{\boldsymbol{x}_1}$ 也非常大。此外，如果三维场景中包括光滑几何图元，且点 $\boldsymbol{x}_1$ 和点 $\boldsymbol{x}_2$ 所在位置正好使 $f_r(\boldsymbol{x}_2 \to \boldsymbol{x}_1 \to \boldsymbol{x}_0)$ 或 $f_r(\boldsymbol{x}_3 \to \boldsymbol{x}_2 \to \boldsymbol{x}_1)$ 取值非常大，这也可能使 $I_{\boldsymbol{x}_1}$ 非常大。对于某可视场景点来说，若根据单个虚拟点光源计算出的间接光照值过大，则绘制出的图像会产生明显的亮斑失真。出现这一问题的原因是，在计算中使用无限小的点来代替了有限尺寸的面。在光能辐射度算法中，通常假设虚拟点光源是漫射类型的（即 $f_r(\boldsymbol{x}_3 \to \boldsymbol{x}_2 \to \boldsymbol{x}_1)$ 为一个常数），且对单个虚拟点光源的间接光照贡献进行限幅处理[6]，即

$$I_{\boldsymbol{x}_1} = \begin{cases} I_{\boldsymbol{x}_1}, & I_{\boldsymbol{x}_1} < c \\ c, & I_{\boldsymbol{x}_1} \geqslant c \end{cases} \qquad (7\text{-}5)$$

式中，c 为由用户指定的阈值。限幅处理实际上假设任意一个虚拟点光源的光照贡献都可忽略，这对漫反射表面上的虚拟点光源来说通常可以接受。但是，如果三维场景中存在许多光滑几何图元，限幅处理会造成许多间接光照细节丢失。

对于动态三维场景的绘制来说，保持相邻帧间光照计算采样的时间相关性十分重要，否则会导致动态画面出现时间闪烁噪声。具体地说，如果在绘制相邻两帧画面过程中所创建的虚拟点光源明显不同，则绘制出的两帧画面在连续播放时可能会发生光照突变现象。为了克服此问题，常见的做法是在绘制动画时先按高帧速率绘制，然后对相邻的若干帧图像求平均来减小时间闪烁噪声。当然，这种方法也增加了动态三维场景的总绘制时间。解决动画绘制中的时间闪烁噪声问题的最佳途径是对各帧中创建的虚拟点光源进行重用[12]，从而保证各帧画面光照计

算采样的时间相关性，进而保持动态画面的光照在时间上的连续性。

　　要实现动态三维场景的全局光照绘制，只需要在直接光照结果之上再添加间接光照结果。当前已有很多在 GPU 上实现的动态三维场景直接光照绘制算法。第 4 章已经讨论过三维场景直接光照的计算问题。本章主要论述基于虚拟点光源的三维场景间接光照计算方法。

7.2　基于反射阴影图的间接光照计算

7.2.1　算法总体描述

　　基于虚拟点光源的思想，Dachsbacher 和 Stamminger 提出了基于反射阴影图的间接光照求解算法[7]，它利用光栅化技术通过计算阴影图的方法来获取二次虚拟点光源，并对标准的阴影图进行扩展，除了深度值之外，在阴影图中还保存场景点的世界坐标、法向量和反射通量——本质上就是一个光照空间中的 G-buffer[13]。基于反射阴影图的间接光照求解算法[7]的核心部分是光照贡献收集方法，它通过计算一组采样获得的虚拟点光源对可视场景点的光照贡献总和来近似计算间接光照。文献[14]对低频光照和高频光照进行区分处理，在这种思想的启发下，本书作者[15]从减小间接光照绘制的空间分辨率入手，通过将可视场景点绘制分为低分辨率绘制和高分辨率绘制两个绘制操作来达到减少计算量的目的。另外，在最小-最大 Mip 贴图的启发下，本书作者提出几何属性变化图[15]。最小-最大 Mip 贴图的每个像素中都需存储最大深度和最小深度值，而几何属性变化图只存储可视场景点深度或者法向量的变化幅度值。该变化幅度值被用来判断对应可视场景点是否属于高分辨率绘制区域。

　　文献[15]的算法主要是为了解决如何减小间接光照绘制分辨率的问题。在真实自然环境中，间接光照的变化通常比较平滑，相邻可视场景点的间接光照在空间上具有很强的相关性，先得到低分辨率下的间接光照绘制结果（这里将此低分辨率称为插值分辨率），据此可以通过插值进一步得到高分辨率下的间接光照绘制结果。然而，物体对象边界区域的间接光照变化通常比较明显，插值操作得不到精确的结果，这会使绘制结果出现走样，因此，需要在较高分辨率下直接计算物体对象边界区域的间接光照，即物体对象边界区域就是高分辨率绘制区域。借鉴多分辨率溅射算法[16]，利用可视场景点深度和法向量信息（即几何属性变化图），可以检测出边界区域。

　　文献[15]的算法需对场景进行多次绘制，首先，创建反射阴影图，并由此计算插值分辨率下的间接光照结果。其次，利用几何属性变化图对场景对象的边界进行检测，进而将场景可视区域分为低分辨率和高分辨率绘制区域：若可视场景点属于高分辨率绘制区域，则在当前分辨率下直接计算间接光照值；反之则根据插值分辨率下的间接光照结果通过插值得到。最后，通过对高分辨率间接光照结果执行滤波操作，使不同区域的间接光照平滑变化，并添加直接光照计算结果以得到最终图像。算法的流程如图 7-1 所示。

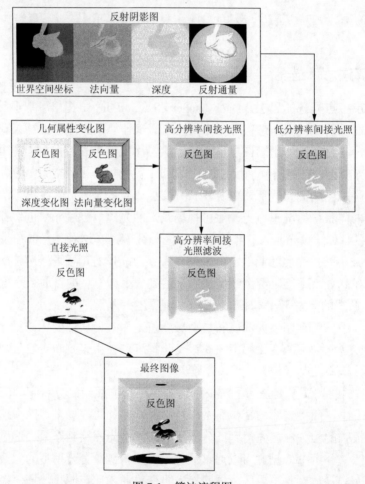

图 7-1　算法流程图

文献[15]的算法是分别在两个分辨率下对间接光照进行绘制，边界区域用高分辨率绘制，而其他区域都用低分辨率绘制，由此来减小间接光照绘制的计算量，算法的实现步骤描述如下：

（1）绘制反射阴影图和直接光照；

（2）绘制插值分辨率下的间接光照；

（3）创建几何属性变化图；

（4）绘制高分辨率下的间接光照；

（5）使用自适应区域滤波方法对高分辨率下的间接光照结果进行滤波；

（6）融合直接光照和间接光照结果。

7.2.2 虚拟点光源的采样及间接光照计算

7.2.2.1 虚拟点光源采样

基于反射阴影图的间接光照绘制算法[7]使用的采样方法是，以可视场景点对应的像素为中心，在最大半径为 r_{max} 的圆内对虚拟点光源进行屏幕空间采样，同时以屏幕空间中采样像素与该像素距离的平方作为采样权值，距离越大采样数量越少。利用此方法对全向光源或几乎能照亮整个场景的聚光灯所产生的虚拟点光源采样能得到较好的结果，然而却不适用于光锥角较小的聚光灯。这是因为光锥角小的聚光灯只能照亮部分场景，绘制得到的反射阴影图中也只包含部分场景对象，当计算聚光灯照亮区域外的可视场景点的间接光照时，若按照上述采样方法进行采样，绝大多数采样坐标都不在反射阴影图内，是无效的采样点，只有较少的虚拟点光源参与间接光照计算（如图 7-2 所示，其中实线圆形区域为聚光灯照射到的区域，黑色正方形表示需要绘制的可视场景点，虚线圆表示半径为 r_{max} 的采样区域，小空心圆表示采样的虚拟点光源的位置）。如果对所有潜在虚拟点光源进行均匀采样，则每个可视场景点都会有固定数量的虚拟点光源参与间接光照计算（见图 7-3）。考虑光源为聚光灯的情形，为避免文献[7]的采样方法所具有的问题，可以采用均匀采样方式来选择虚拟点光源，当然，也可以采用重要性采样方式。

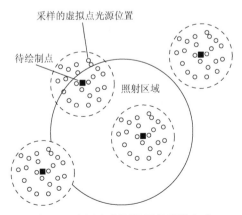

图 7-2 虚拟点光源的局部采样方式

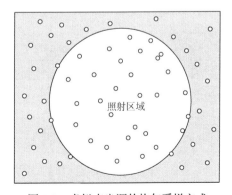

图 7-3 虚拟点光源的均匀采样方式

7.2.2.2　计算间接光照

文献[7]在计算间接光照时，利用虚拟点光源与可视场景点的距离的四次方的倒数来衰减虚拟点光源发出的光照值，然而当距离小于 1 时，并不能达到预期的衰减效果，光照值反而增大了，为此，需要使用新的衰减因子来避免这种缺陷。对于每个可视场景点 p，间接光照计算公式如下[15]：

$$E\left(\boldsymbol{x}_p,\boldsymbol{x}_l\right)=\rho_p\rho_l\phi_l\frac{\max\left\{0,\boldsymbol{n}_p\cdot\left(\boldsymbol{x}_l-\boldsymbol{x}_p\right)\right\}\max\left\{0,\boldsymbol{n}_l\cdot\left(\boldsymbol{x}_p-\boldsymbol{x}_l\right)\right\}}{\max\left\{a+bd+cd^2,1\right\}} \tag{7-6}$$

式中，$\boldsymbol{x}_p$ 和 $\boldsymbol{x}_l$ 是可视场景点 p 和虚拟点光源的世界空间坐标；$\boldsymbol{n}_p$ 和 $\boldsymbol{n}_l$ 分别为点 p 和虚拟点光源所在位置的单位法向量；$d=\left\|\boldsymbol{x}_p-\boldsymbol{x}_l\right\|$ 为点 p 与虚拟点光源之间的距离；a、b 和 c 是常数项，可以分别设置为 1.0、3.0 和 2.0；ϕ_l 是虚拟点光源的发射光通量；ρ_p 和 ρ_l 是点 p 和虚拟点光源所在位置的双向反射分布函数值，对于郎伯漫反射表面取值为常量 $1/\pi$。世界空间坐标和法向量及光通量都能从反射阴影图中的适当位置读取。这里采用收集的方法，为每个可视场景点计算各虚拟点光源的光照贡献总和。绘制插值分辨率下的间接光照后，就可以对其进行插值得到高分辨率下的间接光照结果。计算过程分成两步进行：首先，判断可视场景点所属区域；然后，根据不同的区域，进行相应的操作。若可视场景点在物体对象边界区域，则在当前高分辨率下利用式（7-6）计算间接光照，否则用最邻近插值方法对插值分辨率下的间接光照结果进行插值，从而得到可视场景点的间接光照结果。下面将详细描述如何识别边界区域。

为减小间接光照绘制的分辨率，需要利用几何属性变化图正确地识别边界区域。几何属性变化图不同于最小-最大 Mip 贴图，无需存储最大值和最小值，而是将其差值保存在缓存中。这里以此来衡量像素区域可视场景点几何属性的变化幅度。最简单的识别边界区域的方法可以通过处理深度属性变化数据来实现。为了创建深度属性变化图，首先要绘制一个标准深度图，对于深度图中的每个像素，计算以此为中心的 3×3 网格内像素深度的最大值和最小值，并将其差值作为该像素的深度变化幅度输出到深度属性变化图中。当像素深度变化幅度大于给定阈值时，就认为该像素处在边界区域。文献[15]利用深度属性变化图对 Cornell 盒子场景进行了边界检测，结果如图 7-4 所示，其中检测时使用的深度阈值为 0.001。由

图 7-4　利用深度属性变化图检测出的边缘

图 7-4 可知，最外层的盒子边界没被识别出来，这表明仅使用深度属性变化图，不能保证所有边界区域都被识别出来，为此需要结合法向量属性变化图进行边界区域检测。

法向量属性变化图与深度属性变化图不同，不能直接计算。首先，采取与创建深度属性变化图类似的方法，获取 3×3 网格内各像素的法向量值，然后，对每个像素计算 $s_i = \sin[0.5 \times \arccos(\boldsymbol{n} \cdot \boldsymbol{n}_i)]$（其中，$i = 1, 2, 3, \cdots, 8$；$\boldsymbol{n}$ 为网格中心像素对应的可视场景点的法向量；$\boldsymbol{n}_i$ 为其余像素对应的可视场景点的法向量），并将 s_i 的最大值和最小值的差值作为法向量的变化幅度输出到法向量属性变化图中。文献[15]对仅使用法向量属性变化图和同时使用深度与法向量属性变化图两种方式分别进行了测试，其中检测时使用的法向量阈值为 0.2。如图 7-5 所示，只使用法向量的变化来检测边界区域，也不能得到完整的边界区域，而同时使用两者则会得到一个较优的结果（见图 7-6）。

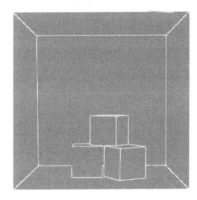
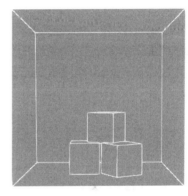

图 7-5　基于法向量属性变化图检测出的边缘　　图 7-6　结合深度和法向量属性变化图检测出的边缘

在完成边界区域检测后，间接光照绘制被分为低分辨率绘制和高分辨率绘制两部分。在绘制高分辨率间接光照时，为使边界区域与其他区域有明显的区分，可以适当减少虚拟点光源的数量。对于本节给出的三维场景，50 个虚拟点光源已经足够。

在前面计算高分辨率下的间接光照过程中，由于非边界区域的间接光照结果是用最邻近插值方法计算得到的，多个高分辨率下的像素对应同一个插值分辨率下的像素，高分辨率下的像素之间会有明显的块状分界（见图 7-7）。因此，需要对高分辨率下的间接光照计算结果进行滤波处理，来实现像素之间的间接光照值平滑过渡。文献[15]给出了一种自适应区域滤波方法，可以达到此目的。文献[15]在配置有 Intel(R) Xeon(R) E3-1255 v3 CPU、4GB 主存、NVIDIA Quadro K600 GPU 的计算机上绘制了多个三维场景，其中包含立方体、兔子和龙等几何对象（三个

基本几何对象包含的三角形面片数分别为 12、140 000 和 867 000）。各个场景的
详细情况如表 7-1 所示。

图 7-7 用最邻近插值方法计算得到的间接光照结果

表 7-1 三维场景的构成及包含的三角形面片数

场景	组成模型	三角形面片数
场景 1	3 个立方体	36
场景 2	1 个兔子	140 000
场景 3	3 个兔子	420 000
场景 4	1 条龙	867 000
场景 5	2 条龙	1 734 000
场景 6	3 个兔子, 2 条龙	2 154 000

前述算法的实现有两个关键：一是边界区域检测；二是滤波。下面基于相关
的实验数据，对这两点进行分析。为识别高分辨率和低分辨率区域，在创建几何
属性变化图后，需进行边界区域检测。不同分辨率的几何属性变化图检测出来的
边界区域不同。文献[15]测试了 200×200 和 700×700 两种分辨率的几何属性变化
图，结果见图 7-8 和图 7-9。由图 7-8 和图 7-9 可知，用低分辨率的几何属性变化
图检测出来的边界区域比用高分辨率的几何属性变化图检测出来的边界区域大，
相应地在增加间接光照计算分辨率时，需要绘制的像素数目更多，导致计算量更
大。为了避免这一问题，可以使用高分辨率几何属性变化图进行边界区域检测。

图 7-8 用 200×200 分辨率的几何属性变化图
检测出的边界区域

图 7-9 用 700×700 分辨率的几何属性变化图
检测出的边界区域

在高分辨率间接光照计算中，边界区域像素的间接光照是直接计算的，而非边界区域的像素的间接光照则通过插值来计算。若直接对计算结果进行滤波，则只能对非边界区域的间接光照产生滤波效果，这会使得边界与非边界区域的间接光照呈现非平滑过渡（见图 7-10）。为确保整个可视场景区域的间接光照平滑变化，算法必须对高分辨率间接光照结果单独滤波。

图 7-10　只对非边界区域间接光照进行滤波后的结果

前面对边界区域检测和间接光照滤波进行了讨论。文献[15]使用了不同的三维场景、不同的虚拟点光源个数及不同的插值分辨率对本节所述算法进行实验，实验结果如表 7-2 所示。

表 7-2　不同参数条件下的算法绘制效率

场景	帧速率/（帧/s）	虚拟点光源数量/个	插值分辨率
场景 1	43.5	200	200×200
	37.0	400	200×200
	28.6	200	400×400
	18.9	400	400×400
场景 2	26.3	200	200×200
	20.8	400	200×200
	17.5	200	400×400
	11.0	400	400×400
场景 3	20.8	200	200×200
	16.1	400	200×200
	13.5	200	400×400
	8.5	400	400×400
场景 4	14.9	200	200×200
	13.7	400	200×200
	10.1	200	400×400
	6.6	400	400×400
场景 5	9.8	200	200×200
	8.4	400	200×200
	7.1	200	400×400
	4.8	400	400×400
场景 6	7.9	200	200×200
	6.6	400	200×200
	5.6	200	400×400
	3.7	400	400×400

由表 7-2 可知，当减小间接光照绘制的插值分辨率时，绘制速度会有明显提升，减小虚拟点光源数量也会产生类似的效果，但效果相比于减小插值分辨率稍

弱。随着三维场景复杂度的增加，计算量也随之增大，绘制效率将会降低，这是所有间接光照绘制算法都存在的问题。然而，鉴于本节算法的间接光照绘制插值分辨率较低，即便场景中边界区域随着场景复杂度的增加而逐步扩大，其绘制效率也不会明显降低。因此，本节算法对于较复杂的场景也适用。

　　文献[15]对 6 个不同三维场景进行了绘制实验，下面将给出相关的实验结果。另外，为了便于比较，文献[15]也给出了用文献[7]的算法及插值算法（通过对低分辨率的间接光照结果进行插值来计算高分辨率间接光照的算法）绘制三维场景得到的结果。绘制实验使用的基本参数如下：光源的位置为天花板正中间，类型为聚光灯，颜色为白色，功率为 100 W，最终绘制分辨率为 1280×720，插值分辨率为 400×400。实验结果见图 7-11～图 7-13。

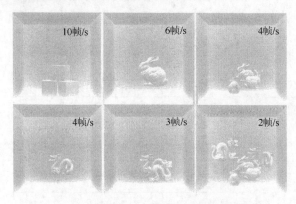

图 7-11　用文献[7]的算法绘制的结果

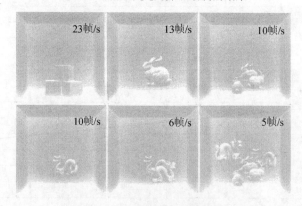

图 7-12　用插值算法绘制的结果

　　由实验结果可知，文献[7]的算法绘制的画面细节比较明显，但速度较慢，对于复杂的场景尤其如此（如场景 5 和场景 6）；插值算法相比于文献[7]的算法绘制速度有所提高，但在画面细节上已经发生了一定程度的丢失；相比于文献[7]的算法，本节算法的速度提高了 3 倍左右，同时能保持与插值算法相似的细节，这对于细节要求不是很高的应用（例如游戏）是非常有意义的。本节算法也可通过增加插值分辨率来增加细节，但这需要以牺牲一定的绘制速度作为代价。

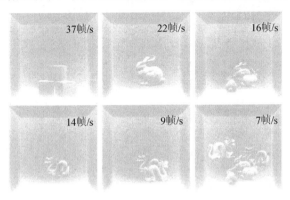

图 7-13　用本节算法绘制的结果

7.3　基于帧间虚拟点光源重用的动态场景间接光照计算

7.3.1　虚拟点光源的创建

瞬态光能辐射度算法的第一步从光源开始跟踪光线传播，计算光线与场景几何图元的交点，进而创建虚拟点光源；瞬态光能辐射度算法的第二步连接这些虚拟点光源和场景绘制点，计算各虚拟点光源对场景绘制点的间接光照贡献。如果要利用现代 GPU 的并行计算能力来加速间接光照计算，在设计虚拟点光源的创建算法时必须考虑 GPU 计算设备的固有特点。

本节以光源位置为视点，利用光栅化操作绘制三维场景，生成反射阴影图，再根据重要性采样思想从反射阴影图中选择一部分像素来创建虚拟点光源。为了叙述方便，在此将反射阴影图中的每个像素称为潜在虚拟点光源。从潜在虚拟点光源集合中选择实际绘制使用的虚拟点光源的具体策略直接影响三维场景间接光照的计算精度和效率。在创建反射阴影图时，需要将阴影图像素对应的场景点的反射光亮度记录在缓冲区中。从直觉上说，反射光亮度值越大的虚拟点光源对三维场景的间接光照贡献也越大，可以据此选择实际绘制使用的虚拟点光源。然而，在实际三维场景的绘制过程中使用这一准则未必能选择出最优的虚拟点光源。如图 7-14 所示，实心圆圈表示反射阴影图的像素在三维场景中的位置（每个实心圆圈都是一个潜在虚拟点光源），空心圆圈表示通过光栅化操作计算出的可视场景

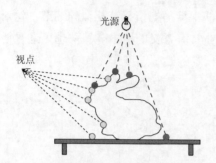

图 7-14　潜在虚拟点光源对可视场景点的
间接光照贡献重要性示意图

点。可以发现，并非每个潜在虚拟点光源对可视场景点都有间接光照贡献，例如图中最右边的实心圆圈表示的潜在虚拟点光源对可视场景点就没有间接光照贡献。因此，从潜在虚拟点光源集合中挑选实际绘制使用的虚拟点光源时，还需要考虑潜在虚拟点光源和可视场景点之间的空间位置关系，只有那些对整个可视场景区域的间接光照贡献最大的潜在虚拟点光源才是最优的虚拟点光源。

　　为了估计一个潜在虚拟点光源对整个可视场景区域的间接光照贡献大小，最直接的方法是计算出每个潜在虚拟点光源对所有可视场景点的间接光照值，不过这种方式的计算开销太大，在实际中难以使用。为了减小计算开销，只能从所有可视场景点集合中选择一个子集，再计算潜在虚拟点光源对该子集中的可视场景点的间接光照贡献值，以此近似虚拟点光源对整个可视场景区域的间接光照贡献。注意到，可视场景点和三维场景画面的像素是一一对应的，而且在空间上相邻的两个可视场景点对应的像素在帧缓存中必然也是相邻的（反过来未必成立）。Ritschel 等[17]将每个潜在虚拟点光源变换到屏幕空间中，获得潜在虚拟点光源在屏幕空间中的位置，如果屏幕像素到潜在虚拟点光源的距离 d 满足：

$$\frac{1}{d^2} > T \qquad (7\text{-}7)$$

式中，T 为一个由用户指定的阈值，则计算潜在虚拟点光源对该像素对应的可视场景点的间接光照贡献值。此外，为了提高计算效率，在估计潜在虚拟点光源对可视场景区域的光照贡献时，不考虑潜在虚拟点光源的可见性问题。

　　虚拟点光源的创建本质上是一个采样问题，即从大量潜在虚拟点光源中选取特定的个体。估计出所有潜在虚拟点光源对可视场景区域的间接光照贡献大小后，根据间接光照贡献的大小可以计算出一个光照贡献直方图及其累积密度函数，本节使用重要性采样方法，从潜在虚拟点光源集合中选取实际绘制使用的虚拟点光源，具体算法流程如图 7-15 所示。

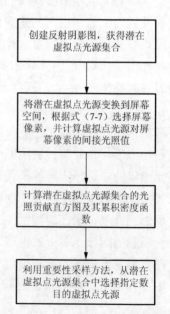

创建反射阴影图，获得潜在虚拟点光源集合

将潜在虚拟点光源变换到屏幕空间，根据式（7-7）选择屏幕像素，并计算虚拟点光源对屏幕像素的间接光照值

计算潜在虚拟点光源集合的光照贡献直方图及其累积密度函数

利用重要性采样方法，从潜在虚拟点光源集合中选择指定数目的虚拟点光源

图 7-15　虚拟点光源的创建流程

7.3.2　可视场景点的间接光照计算

7.3.2.1　虚拟点光源的可见性计算

虽然在前一小节中，评估潜在虚拟点光源对可视场景区域的间接光照贡献时没有考虑光源可见性问题，但是在计算实际间接光照时，应当考虑此问题，否则将得到不正确的间接光照结果。为了使本节算法能够很好地适应 GPU 硬件架构，在此使用阴影映射方法实现虚拟点光源的可见性判断。传统阴影映射方法在创建阴影图时，以光源位置为视点，利用光栅化操作绘制三维场景。如果光源是一个聚光灯类型的光源，且聚光灯的光照发射角不是非常大，则通过一遍光栅化操作就可以创建出能实现可见性计算的阴影图。然而，从理论上说虚拟点光源可以向其所在表面法线方向指向的半球空间中的任意方向发射光照（即虚拟点光源的光照发射角为 180°），只是不同方向的光照发射强度由虚拟点光源的入射光照方向及所在表面的法向量和双向反射分布函数共同决定。

对于具有180°光照发射角的虚拟点光源来说，如果用传统的阴影图创建方法，必须将光源的发射空间角分成若干个子区域，再分别针对每个子区域创建阴影图。这会明显增加阴影图的创建时间。本节借鉴 Brabec 等[18]提出的抛物面映射方法，为虚拟点光源创建一个抛物面阴影图，以此实现虚拟点光源的可见性计算。

Heidrich 等[19]指出正交投影方式生成的图像可以看成是由一个抛物面对三维场景反射后的平行成像结果，如图 7-16 所示，其中的抛物面方程可写为

$$f(x,y) = \frac{1}{2} - \frac{1}{2}\left(x^2 + y^2\right), \quad x^2 + y^2 \leqslant 1 \tag{7-8}$$

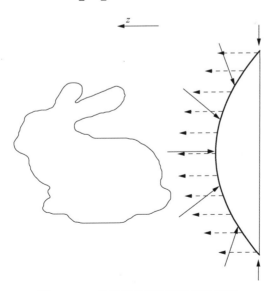

图 7-16　三维场景的抛物面映射示意图

如果将视点设置在（0, 0, 0）点，将视线方向设置为[0, 0, 1]方向，则在上述抛物面上包含了来自可视半球空间的所有信息。实际上图 7-16 所示的抛物面可等效为一个透镜，所有反射光线都来自抛物面的焦点位置（0, 0, 0）。

根据式（7-8）可知，对图 7-16 所示抛物面上的任意一点 $A(x, y, z)$，其法向量可写为[18]

$$n = \frac{1}{z} \begin{bmatrix} x \\ y \\ 1 \end{bmatrix} \tag{7-9}$$

考虑理想镜面反射情形，若在点 A 处将方向 v 反射为方向$[0, 0, 1]^T$，则有以下等式[18]：

$$\begin{bmatrix} 0 \\ 0 \\ 1 \end{bmatrix} + v = k \begin{bmatrix} x \\ y \\ 1 \end{bmatrix}, v_z > 0 \tag{7-10}$$

式中，k 为一个比例系数。

利用顶点着色程序创建抛物面阴影图的伪码如算法 7.1[18]所示。

算法 7.1：抛物面阴影图创建算法

输入：模型变换矩阵 $\boldsymbol{M}_{\text{model}}$、以光源为视点的视图变换矩阵 $\boldsymbol{M}_{\text{light}}$ 和几何顶点 $\boldsymbol{p}$；

输出：alpha 值 α 和变换后的顶点 $\boldsymbol{p}'$；

（1）$\boldsymbol{p}' = \boldsymbol{M}_{\text{light}} \cdot \boldsymbol{M}_{\text{model}} \cdot \boldsymbol{p}$；

（2）$\boldsymbol{p}' = \boldsymbol{p}' / p'_w$；

（3）$\alpha = 0.5 + \dfrac{p'_z}{z_{\text{scale}}}$；

（4）$L_{p'} = \|\boldsymbol{p}'\|$；

（5）$\boldsymbol{p}' = \boldsymbol{p}' / L_{p'}$；

（6）$\boldsymbol{H} = \boldsymbol{p}' + \begin{bmatrix} 0, & 0, & 1, & 1 \end{bmatrix}^T$；

（7）$p'_x = H_x / H_z$；

（8）$p'_y = H_y / H_z$；

（9）$p'_z = \dfrac{L_{p'} - z_{\text{near}}}{z_{\text{far}} - z_{\text{near}}} + z_{\text{bias}}$；

（10）$p'_w = 1$；

在算法 7.1 中，顶点 $\boldsymbol{p}$ 使用齐次坐标方式表示，首先对输入到顶点程序中的顶点进行模型视图变换和正规化处理。H_x、H_y、H_z 分别表示向量 $\boldsymbol{H}$ 的 x、y、z 分量。p'_w 表示向量 $\boldsymbol{p}'$ 的 w 分量。然后对顶点的 z 分量进行缩放并加上偏移 0.5，以此作为 alpha 输出值。最后计算抛物面坐标 p'_x、p'_y、p'_z，为了避免伪影的存在，在 p'_z 中加入了一个偏移。

在以相机位置为视点的正常绘制操作的顶点程序中，可利用 alpha 值来剔除那些不在正 z 轴半空间中的顶点。首先在顶点程序中，利用和创建抛物面阴影图类似的过程，对顶点进行变换处理并计算 alpha 值，如果 alpha 值小于 0.5，则表明虚拟点光源照射不到该顶点，否则需要进一步在片段程序中利用阴影映射方法来判断虚拟点光源的可见性。

7.3.2.2　虚拟点光源的光照贡献收集

基于创建的三维场景虚拟点光源，可视场景点 p 处沿 ω 方向上的反射间接光亮度可写为

$$L_{o,\text{ind}}(p,\omega) \approx \frac{1}{N} \sum_{i=1}^{N} \frac{f_r(p,\omega,p \rightarrow q_i) L_e(q_i, q_i \rightarrow p) G(p,q_i) V(p,q_i)}{P_r(q_i)} \tag{7-11}$$

式中，q_i 表示第 i 个虚拟点光源的位置；$P_r(q_i)$ 表示第 i 个虚拟点光源的采样概率密度；$V(p,q_i)$ 表示第 i 个虚拟点光源在点 p 处的可见性；$L_e(q_i, q_i \rightarrow p)$ 为第 i 个虚拟点光源向点 p 方向发射的光亮度；$G(p,q_i)$ 为点 p 和点 q_i 之间的几何因子；N 为虚拟点光源的个数。本节假设所有场景表面皆为漫反射面，因此，$f_r(\cdot)$ 为一个常数。

相对于直接光照，三维场景中的间接光照变化通常比较平滑。根据这一特点，Wald 等[20]在基于虚拟点光源计算间接光照时，利用间隔采样（interleaved sampling）技术减小了可视场景点的着色计算开销，其基本思想是，并非对每个可视场景点都计算所有虚拟点光源的间接光照贡献，而是在一个固定大小的像素块内，为每个像素对应的可视场景点分配不同的虚拟点光源子集，通过滤波来混合相邻像素的间接光照计算结果。Wald 等在计算机集群上实现了复杂三维场景的交互式全局光照绘制。然而，Wald 等的方法使用光线跟踪计算虚拟点光源的可见性，这在 GPU 上实现起来比较复杂。Segovia 等[21]在 GPU 上实现了间隔采样，结合延迟着色（deferred shading）技术，实现了全局光照计算。本书作者[12]借鉴 Segovia 等的方法，在求解可视场景点的间接光照时，使用间隔采样技术来减少计算量。对于 $n \times m$ 的间隔采样模式，利用间隔采样技术，为在 $n \times m$ 矩形区域内的每个像素对应的可视场景点都分配不同的虚拟点光源子集。由于相邻像素对应的可视场景点的虚拟点光源子集不同，计算得出的相邻像素的间接光照结果不存在相关性。如前所述，间接光照是平滑变化的，因此，实际上相邻像素的间接光照必然存在相关性。利用这一特点，使用滤波方法对相邻像素的间接光照结果进行

混合，将所有虚拟点光源的间接光照贡献加到各像素中，可以得到接近非间隔采样的间接光照计算结果。

　　本节使用图 7-17 所示流程计算间接光照。首先，将所有可视场景点的空间位置、法向量和颜色绘制到一个离屏帧缓冲区中，在此称其为初始 G-buffer，如图 7-18（a）所示。然后，对初始 G-buffer 进行间隔采样，得到图 7-18（d）所示的采样结果。将创建的每个虚拟点光源分配给一个 G-buffer 间隔采样，并且保证各 G-buffer 间隔采样分得的虚拟点光源的个数大致相当。对于每个 G-buffer 间隔采样，利用片段着色器取出其中各个像素的空间位置和法向量，并根据各虚拟点光源的抛物面阴影图计算可见性，如果虚拟点光源可见，则进一步计算相应的间接光照值。通过对单个虚拟点光源产生的间接光照值进行限幅处理，避免前面提及的亮斑失真。在计算出所有 G-buffer 间隔采样中的像素的间接光照值后，利用与对初始 G-buffer 进行间隔采样相反的过程，实现对间接光照缓冲区的收集。通过上述过程计算出的三维场景间接光照结果会存在明显的斑纹噪声。为了去掉斑纹噪声，进一步使用算法 7.2 所示的方盒滤波器对间接光照缓冲区进行滤波，其中的 α 和 β 为用户指定的两个阈值，若给定方盒区域内的某像素对应的可视场景点与中心像素对应的可视场景点的空间位置和法线方向的差异在指定阈值之内，就利用该像素对应的间接光照值来进行滤波处理。

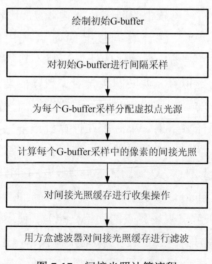

图 7-17　间接光照计算流程

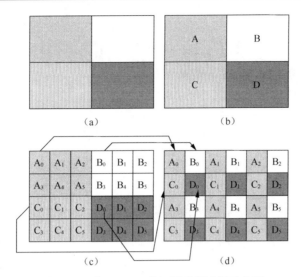

图 7-18　对 G-buffer 的间隔采样过程示意图

算法 7.2：间接光照混合操作使用的方盒滤波器

$[result] \leftarrow$ **Box-filter**(s_x, s_y, *texPositions, texNormals, texIllumination*)

$count \leftarrow 0$;

$accum \leftarrow \{0, 0, 0\}$;

$\boldsymbol{p} \leftarrow \text{Tex}(\textit{texPositions}, s_x, s_y)$;

$\boldsymbol{n} \leftarrow \text{Tex}(\textit{texNormals}, s_x, s_y)$;

for y **in** $[0, \cdots, M]$ {

　　for x **in** $[0, \cdots, N]$ {

　　　　$t_x \leftarrow s_x + x - \lfloor N/2 \rfloor$;

　　　　$t_y \leftarrow s_y + y - \lfloor M/2 \rfloor$;

　　　　$\boldsymbol{p}' \leftarrow \text{Tex}(\textit{texPositions}, t_x, t_y)$;

　　　　$\boldsymbol{n}' \leftarrow \text{Tex}(\textit{texNormals}, t_x, t_y)$;

　　　　if($\|\boldsymbol{p} - \boldsymbol{p}'\| < \alpha$ & $\boldsymbol{n}' \cdot \boldsymbol{n} > \beta$) {

　　　　　　$accum \leftarrow accum + \text{Tex}(\textit{texIllumination}, t_x, t_y)$;

　　　　　　$count \leftarrow count + 1$;

　　　　}

　　}

}

$result \leftarrow accum / count$;

在算法 7.2 中，$\boldsymbol{s}\,(s_x, s_y)$表示中心像素位置；$s_x$ 和 s_y 分别表示中心像素所在

的行和列。为了充分发挥 GPU 的计算能力，要求 GPU 程序能连续地访问存储器。本节使用文献[21]的间隔采样方法，具体过程如下：首先，将初始 G-buffer 分成大小为 $s \times t$ 的块，如图 7-18（b）所示，其中 $s = 2, t = 2$，每个块再分成大小为 $n \times m$ 的子块，如图 7-18（c）所示，其中 $n = 2, m = 3$；然后，通过子块移动来完成间隔采样，如图 7-18（d）所示，每个块（$A_i B_i C_i D_i$）（$i = 0, 1, 2, 3$）代表一个 G-buffer 间隔采样。由于初始 G-buffer 中的数据是以整个子块为单位移动的，而且 GPU 上的纹理内存也是按二维块方式分配的，采用上述间隔采样方式可以保证 GPU 程序访存的连续性。

7.3.3　虚拟点光源的动态更新与重用

简单地利用基于虚拟点光源的全局光照计算方法逐帧绘制动态三维场景，会导致相邻的帧画面出现时间闪烁噪声，这严重地降低了动态画面的视觉真实感。此外，如果每帧重建所有虚拟点光源及其抛物面阴影图，则会导致大量的计算时间开销。注意：连续的帧画面之间实际上存在很强的时间相关性，对于缓慢变化的动态三维场景，相邻两帧的间接光照变化非常小。因此，在绘制动态三维场景时，可以重用前一帧创建的虚拟点光源以提高间接光照的计算效率。同时，由于重用了前一帧的虚拟点光源，保证了相邻帧的时间相关性，也可以大大减小相邻帧间的时间闪烁噪声。

在动态三维场景的绘制过程中，只能重用那些变化很小的虚拟点光源。如果三维场景的变化导致某个虚拟点光源与初始光源之间不再直接可见，则该虚拟点光源应该被丢弃，并重新创建一个新的虚拟点光源。利用基于阴影映射的可见性判断方法，可以很容易地测试出某个虚拟点光源和初始光源之间是否存在遮挡。由于认为动态三维场景是缓慢变化的，所有被重用的虚拟点光源的抛物面阴影图都不用重建，即忽略细微的场景变化对虚拟点光源可见性的影响。当然，为了保证虚拟点光源可见性计算的正确性，如果某虚拟点光源在连续的许多帧中一直有效，也需要在适当的时机重新计算其抛物面阴影图。本节的虚拟点光源的帧间重用与更新方法如算法 7.3 所示。

算法 7.3：虚拟点光源的重用和更新算法

（1）以初始光源位置为视点绘制当前帧对应的三维场景，将可视场景点的空间位置、法向量和颜色值保存在 G-buffer 中，对比当前帧和前一帧 G-buffer 中的每个像素的空间位置和法向量，如果相等，则将该像素标记为"未变化"，否则标记为"已变化"。

（2）根据当前帧的 G-buffer，按照 7.3.1 小节的方法，估计潜在虚拟点光源集合的光照贡献直方图及其累积密度函数。

（3）找出前一帧的每个虚拟点光源在当前帧的 G-buffer 中对应的像素，如果像素"已变化"，则删除该虚拟点光源及其抛物面阴影图，在此过程中记录删除的虚拟点光源个数 N_d。

（4）如果删除的虚拟点光源个数 N_d 少于给定阈值 N_T，则再删除 $N_T - N_d$ 个虚拟点光源。

（5）将所有剩下的虚拟点光源的时间标志加 1。

（6）根据步骤（2）得到的累积密度函数，按照 7.3.1 小节的方法再创建若干个虚拟点光源，使虚拟点光源的总数与前一帧的虚拟点光源的总数相等。

（7）为新创建的每个虚拟点光源生成抛物面阴影图，将这些虚拟点光源的时间标志设置为 1。

（8）为时间标志值排在前 N_t 位的虚拟点光源更新其抛物面阴影图。

在算法 7.3 的步骤（1）中，由于数值精度受限，不能用绝对相等来进行条件测试。对于空间位置的比较，本节计算当前帧和前一帧像素空间位置的距离，并判断该距离是否超过指定范围，如果超过则将该像素标记为"已变化"；对于法向量的比较，本节对法向量的三个坐标分量进行分别比较，只要在某个分量上相差超过指定阈值，就将该像素标记为"已变化"。

在算法 7.3 的步骤（3）中，删除了所有失效的虚拟点光源，而在步骤（4）中，则进一步删除若干个未失效的虚拟点光源，根据步骤（2）得到的虚拟点光源集合的光照贡献估计结果，删除那些光照贡献最小的虚拟点光源。

注意到，动态三维场景几何对象的运动变化也可能导致某些有效的虚拟点光源的抛物面阴影图失效。本节为每个虚拟点光源设置一个时间标志，用于记录该虚拟点光源经历了多少帧。为了保证算法的计算效率，在算法 7.3 的步骤（8）中只更新部分虚拟点光源的抛物面阴影图。由于每次都是更新时间最久的虚拟点光源的抛物面阴影图，如果三维场景静止下来，经过若干帧后，所有虚拟点光源的抛物面阴影图都将得到正确的更新。

文献[12]对本节算法进行了实验研究。实验所采用的计算机配有 Xeon™ 3.2 GHz 处理器、2GB 内存及 NVIDIA Quadro FX 570 GPU。实验中的初始光源为一个半球点光源，其向以点光源位置为球心的半球空间发射光照，不同方向上的光照强度按该方向与主光照方向形成的空间夹角 θ 的余弦衰减，如图 7-19 所示。实验中创建的虚拟点光源数目设置为 256，虚拟点光源的抛物面阴影图分辨率为 256 × 256，使用 16 位深度值，对应的存储空间为 32MB。利用立方体阴影图实现直接光照计算中的阴影测试操作，每个立方体子图的分辨率为 1024 × 1024。在计算初始光源的可见性时，使用百分比渐近滤波方法[22]进行平滑处理。在间隔采样过程中，将初始 G-buffer 划分成 4×4 的子块。实验中的相机分辨率为 800×600，算法

初始光源

θ

主光照方向

图7-19 半球点光源的
光照发射方向示意图

7.3 的参数 $N_T = 15$、$N_t = 4$，7.3.1 节中的参数 $T = 0.025$。为了清楚地显示半球点光源所在位置，在该点光源所在位置处放置一个手电筒几何模型，手电筒的光照出射方向即为半球点光源的主光照方向。

图 7-20 和图 7-21 给出了动态 Cornel 盒子场景的绘制结果。该三维场景中有三个盒子，其中两个较小的盒子在一个大盒子之内。在一个盒子上有一个牛模型对象，牛模型对象随时间而上下移动，是该三维场景中唯一的动态几何对象。初始光源位于最大的盒子的顶面附近，竖直向下照射。图 7-20 所示为动态 Cornell 盒子场景的直接光照绘制结果，可以发现，在最大的盒子的顶面上没有任何光照，同时，所有阴影区域也完全是黑色。图 7-21 所示为动态 Cornell 盒子场景的全局光照绘制结果，可以发现最大的盒子的顶面及其他阴影区域由于受到间接光照的照射而明显变亮。另外，与图 7-20 不同，在图 7-21 中可以清楚地看到手电筒对象，这主要是因为手电筒对象受到间隔光照照射的缘故。对比图 7-20 和图 7-21，可以发现：相对于直接光照绘制结果，全局光照绘制结果的真实感有显著的增强，更接近于现实生活体验。

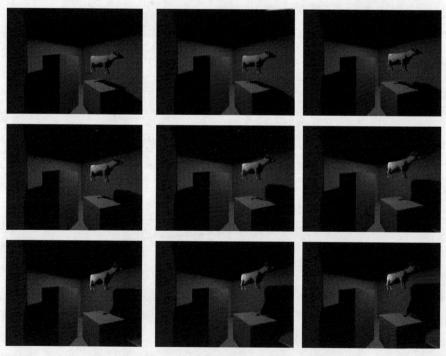

图 7-20 动态 Cornell 盒子场景的直接光照绘制结果

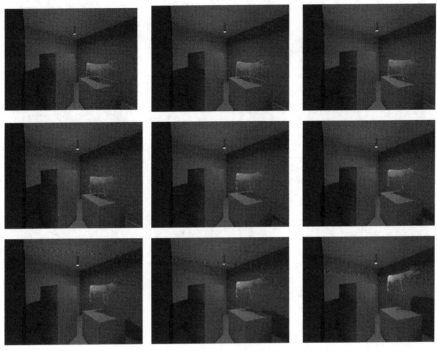

图 7-21　动态 Cornell 盒子场景的全局光照绘制结果（见书后彩版）

图 7-22 和图 7-23 给出了动态 Sibenik 场景的绘制结果。该三维场景包括 Sibenik 教堂模型、牛模型和 Lamppu 手电筒模型，其中，牛模型对象随时间而上下移动，是该三维场景中唯一的动态几何对象，初始光源位于 Sibenik 教堂走廊中部的上方（见图 7-22 的右上角附近区域），竖直向下照射。

图 7-22 所示为动态 Sibenik 场景的全局光照绘制结果，图 7-23 所示为动态 Sibenik 场景的间接光照绘制结果，可以发现：在直接光照不能照射的区域，由于受到间接光照的照射而明显变亮，间接光照的加入显著地增强了场景的真实感。

表 7-3 给出了本节算法与每帧全部重建虚拟点光源方法的绘制时间对比结果，其中平均绘制时间对应了 80 帧动态画面的平均绘制时间。由表 7-3 可知，重用虚拟点光源后，间接光照的平均计算时间大大降低。对于动态 Cornell 盒子场景，每帧全部重建虚拟点光源方法的间接光照平均绘制时间是本节算法的 2.75 倍；对于动态 Sibenik 场景，每帧全部重建虚拟点光源方法的间接光照平均绘制时间是本节方法的 2.83 倍。因此，在现有直接光照绘制方法的基础上，利用本节算法可以很好地实现全局光照绘制。

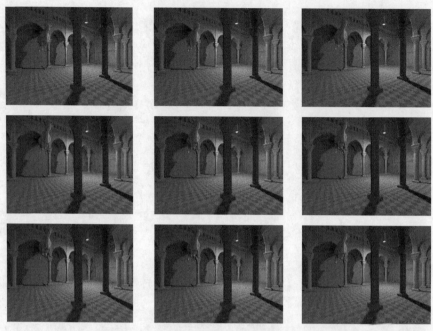

图 7-22 动态 Sibenik 场景的全局光照绘制结果

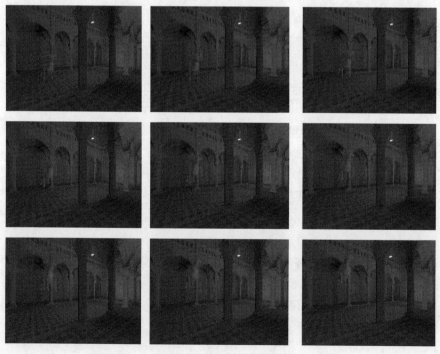

图 7-23 动态 Sibenik 场景的间接光照绘制结果

表 7-3　本节算法与每帧全部重建虚拟点光源方法的绘制时间对比

三维场景	几何对象	面片数目	间接光照平均绘制时间/ms		T_2 / T_1
			本节算法（T_1）	每帧全部重建（T_2）	
动态 Cornell 盒子场景	Cornell 盒子	16	91.93	252.65	2.75
	Lamppu 手电筒	352			
	牛	5 804			
动态 Sibenik 场景	Sibenik 教堂	80 131	139.69	395.32	2.83
	Lamppu 手电筒	352			
	牛	5 804			

　　本节算法的假设前提是，三维场景中的几何对象都是漫反射对象。因此，对于存在镜面反射几何对象的三维场景，本节算法并不适用。这是本节算法的一个缺点。

7.4　基于重要性缓存策略的虚拟点光源光照贡献求解

　　前几节讨论的用虚拟点光源照射三维场景以计算间接光照的方法，可以被看成是多点光源照射三维场景条件下的直接光照求解问题[2,3,23]。计算单个点光源照射三维场景时产生的直接光照贡献非常简单，然而如果有几百个甚至几千、上万个点光源照射三维场景，则简单地先分别计算每个点光源产生的直接光照贡献，然后再对各个点光源产生的直接光照贡献进行累加求和，会导致巨大的计算开销，不具备实用性。

　　虚拟点光源采样是基于虚拟点光源的间接光照计算方法的关键操作，其目的是从数量巨大的虚拟点光源集合中选择对给定场景点产生重要光照贡献的虚拟点光源子集，只以很低的概率选择那些光照贡献很小的虚拟点光源。在 7.3 节中，使用重要性采样方法从由反射阴影图确定的潜在虚拟点光源集合中，选择参与间接光照计算的虚拟点光源。第 6 章曾经讨论过重要性采样问题。点光源对三维场景点产生的光照贡献计算公式通常包含双向反射分布函数、余弦项、可见性项等乘积因子。对给定的场景点，如果要设计精确的虚拟点光源重要性采样概率密度函数，则需要计算各个虚拟点光源与场景点之间的可见性，以便获得各个虚拟点光源对场景点产生的光照贡献大小，这通常是非常耗时的运算。Georgiev 等[24]提出重要性采样信息缓存算法，利用光照的空间连续性，通过复用事先缓存的重要性采样信息来确定特定场景点的虚拟点光源重要性采样概率密度函数。首先对初始光源进行随机采样，获得光源采样点，从这些光源采样点出发，向三维场景中发射光线（光线方向通过随机采样确定），跟踪这些光线在三维场景中的传播，在光线与三维几何对象的交点位置处创建虚拟点光源。在所有虚拟点光源的照射下，可视场景点 x 处向视点方向散射的光亮度为[24]

$$L_o(x,v) = \sum_{k=1}^{N} f_r(x,v,l_k-x)G(x,l_k)V(x,l_k)\frac{L_e(l_k,l_k \to x)}{P_r(l_k)N}$$

$$= \sum_{k=1}^{N} F(x,v,l_k) \tag{7-12}$$

式中，v 表示从可视场景点指向视点的单位向量；l_k 表示第 k 个虚拟点光源所在位置（在文字叙述中也用 l_k 来指代第 k 个虚拟点光源）；N 为虚拟点光源的个数；函数 $f_r(\cdot)$、$G(\cdot)$、$V(\cdot)$、$L_e(\cdot)$、$P_r(\cdot)$ 的意义参见式（7-11）后面的说明。由于可能产生上千个虚拟点光源，如前所述，直接求解式（7-12）的时间开销太大。在实际中，可以使用无偏的蒙特卡罗估计方法来获得式（7-12）的近似结果[24]：

$$\tilde{L}_o(x,v) = \frac{1}{M}\sum_{m=1}^{M} \frac{F(x,v,l_m)}{p^{(x)}(l_m)} \tag{7-13}$$

式中，$M \ll N$ 为蒙特卡罗估计所使用的虚拟点光源个数；$p^{(x)}(l_m)$ 表示在计算点 x 处沿方向 v 的反射光亮度时选择虚拟点光源 l_m 作为样本的概率密度。最优的概率密度函数 $p^{(x)}(l_m)$ 应该与 $F(x,v,l_m)$ 成比例。因此，为了构造出最优的概率密度函数 $p^{(x)}(l_m)$，需要计算每个虚拟点光源对场景点 x 的光照贡献。然而，由于精确地计算给定虚拟点光源对特定场景点的光照贡献需要计算虚拟点光源与场景点之间的可见性，而可见性的计算代价通常很高。因而，文献[25]在构造概率密度函数 $p^{(x)}(l_m)$ 时，未把可见性纳入考虑之中，这导致 $p^{(x)}(l_m)$ 在虚拟点光源被遮挡的区域内与 $F(x,v,l_m)$ 不成比例，造成蒙特卡罗估计方差增大。

　　通过使用重要性缓存策略，Georgiev 等[24]的算法在构造采样概率密度函数时考虑了可见性的影响，同时并不需要在每个可视场景点处都重新构造采样概率密度函数。如图 7-24 所示，Georgiev 等[24]首先从视点随机发射光线，跟踪这些光线在三维场景中的传播，获得光线与三维几何对象的交点位置（即生成场景采样点）。场景采样点的个数远少于最终要执行着色计算的场景点个数。对每个场景采样点 y，精确计算所有虚拟点光源在该场景采样点处产生的光照贡献 $f_y(l_m)$，并把计算结果保存到重要性缓存中；对 $f_y(l_m)$ 进行归一化（$m = 1, 2, \cdots, K_m$），可得到 $\overline{f}_y(l_m)$；利用光照的空间相关性，在点 y 附近，$\overline{f}_y(l_m)$ 可以作为虚拟点光源的采样概率密度函数。Georgiev 等的算法的核心思想是，在少数场景采样点处构造最优的虚拟点光源采样概率密度函数，并把构造结果保存在重要性缓存中，其他场景点则重用邻近场景采样点的虚拟点光源采样概率密度函数（记录在重要性缓存中）。在计算虚拟点光源对任意场景点 x 的光照贡献时，需要搜索离点 x 最近的 n_r 个重要性缓存记录。

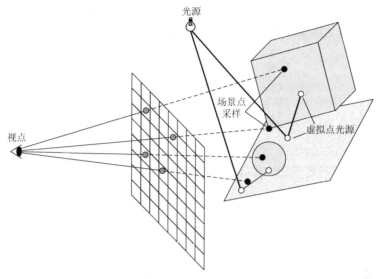

图 7-24　重要性缓存算法示意图

如果场景采样点与待绘制点的光照空间相关性比较强，根据场景采样点的虚拟点光源采样概率密度函数来为待绘制点选择虚拟点光源，可以获得良好的蒙特卡罗估计精度。然而，如果场景采样点与待绘制点之间存在不连续的光照变化，则按照上述思想重用虚拟点光源采样概率密度函数会导致较大的蒙特卡罗估计误差。为了解决这个问题，Georgiev 等[24]为每个场景采样点构造四个不同的采样概率密度函数，即精确光照贡献采样概率密度函数、无遮挡光照贡献采样概率密度函数、受限光照贡献采样概率密度函数、保守光照贡献采样概率密度函数。精确光照贡献采样概率密度函数根据前面提到的 $\overline{f}_y(l_m)$ 构造；在假设可见性项恒等于 1 的条件下计算 $\overline{f}_y(l_m)$，据此构造无遮挡光照贡献采样概率密度函数（即忽略可见性问题）；在假设可见性项恒等于 1 且几何因子项等于某一特定的上界值的条件下计算 $\overline{f}_y(l_m)$，据此构造受限光照贡献采样概率密度函数；保守光照贡献采样概率密度函数设计为均匀采样密度函数。在最终绘制三维场景时，对每个待绘制场景点 x，当找到与其邻近的 n_r 个重要性缓存记录后，将根据它们保存的四个采样概率密度函数，利用多重重要性采样来选择最终计算点 x 的光照值所使用的虚拟点光源。

Georgiev 等[24]设计的多重重要性采样分两步实现多个概率密度函数的组合。图 7-25 以矩阵的形式给出了三个重要性缓存记录中保存的采样概率密度函数，其中，$\mathscr{T}_j$ 表示精确光照贡献采样概率密度函数，$\mathscr{U}_j$ 表示无遮挡光照贡献采样概率密度函数，$\mathcal{B}_j$ 表示受限光照贡献采样概率密度函数，$\mathcal{C}_j$ 表示保守光照贡献采样概率密度函数，$j = 1, 2, 3$。首先把图 7-25 的所有列对应的采样概率密度函数合并在一起，然后再对得到的结果进行进一步合并。对于选择 n_r 个邻近重要性缓存记录的情形，列合并重要性采样蒙特卡罗估计器可写为[24]

$$\tilde{L}_{o,i}\left(\boldsymbol{x},\boldsymbol{v}\right)=\sum_{j=1}^{n_r}\frac{1}{M_i}\sum_{k=1}^{M_i}w_{i,j}^{\mathrm{col}}\left(\boldsymbol{l}_{i,j,k}\right)\frac{F\left(\boldsymbol{x},\boldsymbol{v},\boldsymbol{l}_{i,j,k}\right)}{p_{i,j}^{(\boldsymbol{x})}\left(\boldsymbol{l}_{i,j,k}\right)} \tag{7-14}$$

式中，M_i 表示采样的虚拟点光源总数；$p_{1,j}^{(\boldsymbol{x})}(\cdot)=\mathcal{F}_j(\cdot)$，$p_{2,j}^{(\boldsymbol{x})}(\cdot)=\mathcal{U}_j(\cdot)$，$p_{3,j}^{(\boldsymbol{x})}(\cdot)=\mathcal{B}_j(\cdot)$，$p_{4,j}^{(\boldsymbol{x})}(\cdot)=\mathcal{C}_j(\cdot)$；$w_{i,j}^{\mathrm{col}}(\cdot)$表示组合权重。对于 $i = 1, 2, 3, 4$，M_i 取相同的值。使用平衡启发式多重重要性采样方法，如果令[24]

$$p_i^{(\boldsymbol{x})}\left(\boldsymbol{l}\right)=\frac{1}{n_r}\sum_{j=1}^{n_r}p_{i,j}^{(\boldsymbol{x})}\left(\boldsymbol{l}\right) \tag{7-15}$$

则式（7-14）可以简化为[24]

$$\tilde{L}_{o,i}\left(\boldsymbol{x},\boldsymbol{v}\right)=\frac{1}{M_i}\sum_{k=1}^{M_i}\frac{F\left(\boldsymbol{x},\boldsymbol{v},\boldsymbol{l}_{i,k}\right)}{p_i^{(\boldsymbol{x})}\left(\boldsymbol{l}_{i,k}\right)} \tag{7-16}$$

$i \downarrow$ \ $j \rightarrow$			
	$\mathcal{F}_1$	$\mathcal{F}_2$	$\mathcal{F}_3$
	$\mathcal{U}_1$	$\mathcal{U}_2$	$\mathcal{U}_3$
	$\mathcal{B}_1$	$\mathcal{B}_2$	$\mathcal{B}_3$
	$\mathcal{C}_1$	$\mathcal{C}_2$	$\mathcal{C}_3$

图 7-25　三个重要性缓存记录中保存的采样概率密度函数

把 $i = 1, 2, 3, 4$ 的所有蒙特卡罗估计结果合并在一起可得

$$\tilde{L}_{o}\left(\boldsymbol{x},\boldsymbol{v}\right)=\sum_{i=1}^{4}\frac{1}{M_i}\sum_{k=1}^{M_i}w_i^{\mathrm{row}}\left(\boldsymbol{l}_{i,k}\right)\frac{F\left(\boldsymbol{x},\boldsymbol{v},\boldsymbol{l}_{i,k}\right)}{p_i^{(\boldsymbol{x})}\left(\boldsymbol{l}_{i,k}\right)} \tag{7-17}$$

式中，$w_i^{\mathrm{row}}(\cdot)$表示组合权重。Georgiev 等[24]提出用 α-max 启发式方法来确定 $w_i^{\mathrm{row}}(\cdot)$。对于 $1 \leqslant s \leqslant 4$，$w_s^{\mathrm{row}}(\boldsymbol{l})$的计算方法如下：如果对 $1 \leqslant i \leqslant s$，$w_i^{\mathrm{row}}(\boldsymbol{l}) = 0$，且

$$p_s^{(\boldsymbol{x})}\left(\boldsymbol{l}\right)\geqslant\max_{s<i\leqslant 4}\alpha_i p_i^{(\boldsymbol{x})}\left(\boldsymbol{l}\right) \tag{7-18}$$

则 $w_s^{\mathrm{row}}(\boldsymbol{l}) = 1$，否则 $w_s^{\mathrm{row}}(\boldsymbol{l}) = 0$。式（7-18）中的 $\alpha_i \in \left(0,1\right]$ 为预先设定的置信度值。此外，为了进一步减少冗余计算，Georgiev 等[24]提出了 $p_{i,j}^{(\boldsymbol{x})}(\cdot)$ 的优化构造方法，对第 j 个重要性缓存记录，令 $p_{i,j}^{(\boldsymbol{x})}(\boldsymbol{l}) = p_{i,j}^{(\boldsymbol{x})}(\boldsymbol{l})w_i^{\mathrm{row}}\left(\boldsymbol{l}\right)$，$i = 1, 2, 3, 4$。从本质上说，该优化构造方法对采样区域进行了划分，在任意采样位置处都只有一个采样概率

密度函数的值不为零，即 $p_{1,j}^{(x)}(\cdot)$、$p_{2,j}^{(x)}(\cdot)$、$p_{3,j}^{(x)}(\cdot)$、$p_{4,j}^{(x)}(\cdot)$ 之中只有一个采样概率密度函数的值不为零。

从理论上说，本节介绍的算法能得到在统计意义上无偏的估计结果。然而，与前两节的算法类似，在实际实现本节介绍的算法时，也需要对单个虚拟点光源的光照贡献值进行限幅处理，因此，其不能非常逼真地绘制光滑物体表面的光照反射效果。本节的算法隐含地假设可以用三维场景的为数不多的光亮度采样结果来近似整个光亮度场。很明显，当三维场景包含大量光滑物体时，这一隐含假设将不再成立。需要指出的是，Georgiev 等[24]使用虚拟点光源来计算三维场景的全局光照，即直接光照和间接光照都通过虚拟点光源来计算，这与 Ou 和 Pellacini 的 LightSlice 算法[26]类似。通常直接光照的空间变化比间接光照明显，换句话说，相对于直接光照，间接光照可能具有更高的空间相关性。因此，针对间接光照计算的虚拟点光源重要性采样结果的可复用性可能更高。

7.5　基于矩阵行列采样的虚拟点光源光照贡献求解

Hašan 等[1]提出基于矩阵行列采样的虚拟点光源间接光照求解方法，该方法能够支持场景动态变化，并能够快速地绘制出场景变化后的光照结果，以便给予三维场景模型修改者视觉反馈。Hašan 等把多点光源照射三维场景的光照求解问题表述成一个求二维矩阵所有列之和的问题，其中，每个矩阵元素表示一个场景采样点与一个点光源之间的光照交互，其值等于该点光源对该场景采样点产生的光照值，每一列矩阵元素对应单个点光源照射的所有场景采样点，每一行矩阵元素对应所有点光源照射单个场景采样点。求解场景光照结果的原始方法是，把每一行的所有列元素值加在一起以得到所有点光源照射某个场景点时产生的光照贡献。然而这种求解方法的计算量太大，在实际应用中必须使用近似计算来加快求解速度。Hašan 等分析发现，前述二维矩阵实际上是一个低秩矩阵，通过少量行列采样就可以揭示该矩阵的结构，从而为设计前述近似计算方法提供启发信息。

图 7-26 给出了场景点与虚拟点光源之间的光照交互矩阵，其中，$p_1, p_2, \cdots, p_n$ 表示所有的可视场景点，$l_1, l_2, \cdots, l_m$ 表示所有的虚拟点光源。可视场景点 p_i 的光照值等于 p_i 对应的那一行矩阵元素值之和。为了减少计算量，需要从所有虚拟点光源中选出一部分虚拟点光源（即图 7-26 所示矩阵的部分列），计算它们对场景点 $p_1, p_2, \cdots, p_n$ 的光照贡献，据此进一步得到三维场景间接光照的近似结果。在选择虚拟点光源时，Hašan 等以行采样结果为依据。在估计给定场景点的间接光照

值时，Hašan 等以列采样结果作为依据。

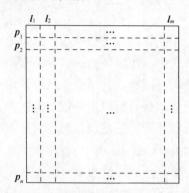

图 7-26　场景点与虚拟点光源之间的光照交互矩阵

Hašan 等的算法的主要步骤如下[1]：

（1）随机地从图 7-26 所示矩阵中选择 r 行，形成一个新的二维矩阵（如图 7-27 所示），计算该二维矩阵的所有元素的值；

（2）对图 7-27 所示的列进行划分，得到 c 个聚类；

（3）从每个聚类中选则一列，从而得到 c 个采样列；

（4）计算 c 个采样列对应的虚拟点光源对三维场景点 $p_1, p_2, \cdots, p_n$ 产生的光照贡献，据此估计所有虚拟点光源对三维场景点 $p_1, p_2, \cdots, p_n$ 产生的光照贡献。

前面的步骤（1）实现了矩阵行采样，步骤（3）实现了矩阵列采样。在执行步骤（2）的聚类操作时，需要把 RGB 格式的光照值转换成标量实数，这可以通过计算 R、G、B 三元组表示的向量的 2-范数来实现。在步骤（1）中，可用阴影映射方法快速计算图 7-27 所示的每行元素的值，此时把相机放在点 p_i' 位置处创建阴影图（$i = 1, 2, \cdots, r$），据此实现点 p_i' 与点 l_j 之间的可见性计算（$j = 1, 2, \cdots, m$）。同理，在步骤（4）中，也用阴影映射方法快速计算图 7-26 所示的特定列元素的值。由于阴影映射算法能够在 GPU 上执行，Hašan 等的算法能够充分利用 GPU 的并行计算能力。在具体实现行采样时，Hašan 等使用分块均匀随机采样方法来选择采样行。如果已知对图 7-27 所示的列进行聚类操作后得到 c 个聚类，则前面步骤（4）的估计器可以写为

$$X_A = \sum_{i=1}^{c} X_A^i \tag{7-19}$$

式中，

$$X_A^i = \frac{s_i}{\|\rho_j\|} \varphi_j, \; j \in C_i \tag{7-20}$$

C_i 表示第 i 个聚类包含的列号集合；ρ_j 表示图 7-27 所示的第 j 列元素；$\|\rho_j\|$ 表示

列向量 $\boldsymbol{\rho}_j$ 的 2-范数，

$$s_i = \sum_{j \in C_i} \|\boldsymbol{\rho}_j\| \qquad (7\text{-}21)$$

图 7-27　场景点与虚拟点光源之间的光照交互矩阵的行采样

式（7-20）中的列号 j 使用蒙特卡罗方法来从集合 C_i 中选择。具体地说，对于 C_i 中的所有列号，按照概率分布 $\|\boldsymbol{\rho}_j\| / s_i$ 随机地从 C_i 中选择列号 j。Hašan 等证明了式（7-19）为一个统计无偏估计器。令

$$\boldsymbol{\Sigma}_A = \sum_{j=1}^{m} \boldsymbol{\varphi}_j \qquad (7\text{-}22)$$

式中，$\boldsymbol{\varphi}_j$ 表示图 7-26 的一列元素（为一个列向量）。$\boldsymbol{\Sigma}_A$ 为一个列向量，其每个元素代表一个可视场景点的精确光照值。前述估计器的最优目标函数为使均方误差 $\mathcal{E}\left(\|\boldsymbol{X}_A - \boldsymbol{\Sigma}_A\|^2\right)$ 最小，其中，$\mathcal{E}$ 表示求统计期望。由于需要预先获得 $\boldsymbol{\Sigma}_A$ 的值（即需要预先已知图 7-26 所示矩阵的所有元素值），在实际中难以使用这一准则。Hašan 等设计了另一个近似估计器优化目标函数——使均方误差 $\mathcal{E}\left(\|\boldsymbol{X}_R - \boldsymbol{\Sigma}_R\|^2\right)$ 最小，其中

$$\boldsymbol{X}_R = \sum_{i=1}^{c} \boldsymbol{X}_R^i \qquad (7\text{-}23)$$

$$\boldsymbol{X}_R^i = \frac{s_i}{\|\boldsymbol{\rho}_j\|} \boldsymbol{\rho}_j, \ j \in C_i \qquad (7\text{-}24)$$

$$\boldsymbol{\Sigma}_R = \sum_{j=1}^{m} \boldsymbol{\rho}_j \qquad (7\text{-}25)$$

上述近似优化目标函数可以写成[1]

$$\mathcal{E}\left(\|\boldsymbol{X}_R - \boldsymbol{\Sigma}_R\|^2\right) = \frac{1}{2} \sum_{k=1}^{c} \sum_{i,j \in C_k} \|\boldsymbol{\rho}_i\| \cdot \|\boldsymbol{\rho}_j\| \cdot \|\bar{\boldsymbol{\rho}}_i - \bar{\boldsymbol{\rho}}_j\|^2 \qquad (7\text{-}26)$$

式中，$\bar{\boldsymbol{\rho}}$ 表示向量 $\boldsymbol{\rho}$ 的归一化结果。如果把

$$d\left(\boldsymbol{\rho}_i, \boldsymbol{\rho}_j\right) = \frac{1}{2} \|\boldsymbol{\rho}_i\| \cdot \|\boldsymbol{\rho}_j\| \cdot \|\bar{\boldsymbol{\rho}}_i - \bar{\boldsymbol{\rho}}_j\|^2 \qquad (7\text{-}27)$$

看成是向量 $\boldsymbol{\rho}_i$ 与向量 $\boldsymbol{\rho}_j$ 之间的距离，则式（7-26）具有清晰的物理意义。图 7-28

所示为一个完全图，其中的每个结点代表一个向量 $\boldsymbol{\rho}_j$（$j = 1, 2, \cdots, m$），每条边的权重为两个结点对应的向量之间的距离。前述聚类操作实际上就是对图 7-28 的结点进行分组。最小化式（7-26）的值就是对图 7-28 的所有结点进行最优分组，得到 c 个独立的子图（每个子图仍是一个完全图），使所有子图的边权重之和最小。图 7-29 给出了把图 7-28 的完全图分成的两个独立的子图，两个子图之间不再有任何连接边。

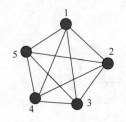

图 7-28　所有列构成的完全图

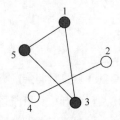

图 7-29　把完全图分成两个独立的完全子图

Hašan 等[1]设计出基于采样的聚类和基于自顶向下划分的聚类等两种聚类方法。在实际对矩阵列进行聚类操作时，首先使用基于采样的聚类方法划分出 $2c/3$ 个初步的聚类分组，然后使用基于自顶向下划分的聚类方法对初步的聚类分组进一步细分，直到获得 c 个聚类分组为止。由于使用阴影映射算法来计算场景点与点光源之间的可见性，Hašan 等的算法[1]存在阴影映射走样问题，该算法也同样需要对点光源产生的光照进行限幅处理，这可能导致三维场景角落处的间接光照亮度变暗。另外，由于该算法使用了蒙特卡罗采样，用其绘制动态场景时可能出现帧间画面闪烁现象。

在实际的三维绘制程序中，虚拟点光源通常被当成漫射类型的光源，因此，用虚拟点光源难以描述那些由光滑反射产生的间接光照。另外，如 7.1 节所述，基于虚拟点光源求解间接光照通常要对单个虚拟点光源的光照贡献值进行限幅处理，以避免出现亮斑噪声。如果三维场景中包含大量光滑反射表面，限幅操作会降低某些高亮区的光照值，导致算法不能正确地绘制光滑反射视觉效果。Hašan 等[6]对原始的虚拟点光源概念进行了扩展，提出虚拟球光源的概念，如图 7-30 所示，其中，点 $\boldsymbol{p}_j$ 为虚拟点光源所在位置，点 $\boldsymbol{x}$ 为可视场景点，$\boldsymbol{n}_x$ 表示点 $\boldsymbol{x}$ 处的表面单位法向量，$\boldsymbol{n}_j$ 表示点 $\boldsymbol{p}_j$ 处的表面单位法向量，单位向量 $\boldsymbol{v}$ 指向视点方向，单位向量 $\boldsymbol{\omega}_j$ 表示虚拟点光源对应的光照入射反方向，点 $\boldsymbol{y}$ 为球光源内的一点。Hašan 等假设虚拟点光源把自身携带的光能传递给以其为中心、半径为 r_j 的球包围的所有面片，这些面片接收到的光能再被散射到可视场景点 $\boldsymbol{x}$ 处。计算虚拟点光源对可视场景点 $\boldsymbol{x}$ 的光照贡献，就是在点 $\boldsymbol{x}$ 处收集被这些面片散射的光能。

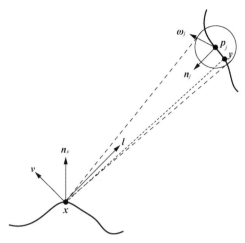

图 7-30　虚拟球光源

虚拟点光源溅射到点 y 的光照沿 ω 方向的散射光亮度定义为[6]

$$L_j^s\left(y,\omega\right)=\frac{\Phi_j}{\pi r_j^2}f_r\left(y,\omega_j,\omega\right)U\left(\left\|y-p_j\right\|,r_j\right) \tag{7-28}$$

式中，Φ_j 表示虚拟点光源携带的光能量；

$$U\left(\left\|y-p_j\right\|,r_j\right)=\begin{cases}1, & \left\|y-p_j\right\|<r_j \\ 0, & \left\|y-p_j\right\|\geqslant r_j\end{cases} \tag{7-29}$$

点 x 处沿 v 方向的散射光亮度[6]为

$$L_j^p\left(x,v\right)=\int_{H^2}f_r\left(x,l,v\right)\cos\left(n_x,l\right)L_j^s\left(y,-l\right)\mathrm{d}l \tag{7-30}$$

式中，$\cos\left(n_x,l\right)$ 表示求向量 n_x 和向量 l 的夹角的余弦；H^2 表示点 x 的法向量指向的正半空间；y 表示从点 x 沿 l 方向直接可见的点。把式（7-28）代入式（7-30）可以得到[6]

$$L_j^p\left(x,v\right)=\frac{\Phi_j}{\pi r_j^2}\int_{\Omega_j}f_r\left(x,l,v\right)\cos\left(n_x,l\right)f_r\left(y,\omega_j,-l\right)U\left(\left\|y-p_j\right\|,r_j\right)\mathrm{d}l \tag{7-31}$$

式中，Ω_j 为由图 7-30 的虚线确定的圆锥体方向空间，该圆锥体的顶点为点 x。如果点 x 在球光源内，则 $\Omega_j=H^2$。如果直接用蒙特卡罗方法计算式（7-31）的积分，则对每个方向采样 l，都需计算对应的点 y，这将导致较大的计算开销。Hašan 等对式（7-31）作如下近似[6]：

$$L_j^p\left(x,v\right)=\frac{\Phi_j}{\pi r_j^2}V\left(x,p_j\right)\int_{\Omega_j}f_r\left(x,l,v\right)\cos\left(n_x,l\right)f_r\left(p_j,\omega_j,-l\right)\cos\left(n_j,-l\right)\mathrm{d}l \tag{7-32}$$

式中，$V(x, p_j)$ 表示点 x 和点 p_j 之间的可见性。在式（7.32）中，只要确定了方向采样 l，就可以直接用蒙特卡罗估计器估计出积分的近似值，无需再去求解点 y 的位置。

参 考 文 献

[1] Hašan M, Pellacini F, Bala K. Matrix row-column sampling for the many-light problem. ACM Transactions on Graphics, 2007, 26(3): 26.

[2] Dachsbacher C, Křivánek J, Hašan M, et al. Scalable realistic rendering with many-light methods. Computer Graphics Forum, 2014, 33(1): 88-104.

[3] Keller A. Instant Radiosity. Proceedings of the 24th Annual Conference on Computer Graphics and Interactive Techniques, Los Angeles, 1997: 49-56.

[4] Segovia B, Iehl J C, Mitanchey R, et al. Bidirectional Instant Radiosity. Proceedings of Eurographics Symposium on Rendering, Nicosia, 2006: 389-397.

[5] Laine S, Saransaari H, Kontkanen J, et al. Incremental Instant Radiosity for Real-Time Indirect Illumination. Proceedings of Eurographics Symposium on Rendering, Grenoble, 2007: 277-286.

[6] Hašan M, Křivánek J, Walter B, et al. Virtual spherical lights for many-light rendering of glossy scenes. ACM Transactions on Graphics, 2009, 28(5): 89-97.

[7] Dachsbacher C, Stamminger M. Reflective Shadow Maps. Proceedings of the 2005 Symposium on Interactive 3D Graphics and Games, Grenoble, 2005: 203-231.

[8] Yu I, Cox A, Kim M H, et al. Perceptual influence of approximate visibility in indirect illumination. ACM Transactions on Applied Perception, 2009, 6(4): 24.

[9] Ritschel T, Grosch T, Kim M H, et al. Imperfect shadow maps for efficient computation of indirect illumination. ACM Transactions on Graphics, 2008, 27(5): 129.

[10] Veach E. Robust Monte Carlo methods for light transport simulation. Ph. D dissertation of Stanford University, 1997.

[11] Davidovič T, Křivánek J, Hašan M, et al. Combining global and local virtual lights for detailed glossy illumination. ACM Transactions on Graphics, 2010, 29(6): 81-95.

[12] 陈纯毅, 杨华民, 李文辉, 等. 基于帧间虚拟点光源重用的动态场景间接光照近似求解算法. 吉林大学学报(工学版), 2013, 43(5): 1352-1358.

[13] Saito T, Takahashi T. Comprehensible Rendering of 3-D Shapes. Proceedings of the 17th Annual Conference on Computer Graphics and Interactive Techniques, Dallas, 1990: 197-206.

[14] 李瑞瑞, 秦开怀, 张一天. 包含反射、折射和焦散效果的全局光照快速绘制方法. 计算机辅助设计与图形学学报, 2013, 25(8): 1121-1127.

[15] 马爱斌, 陈纯毅, 李华. 基于反射阴影图的间接光照绘制改进算法. 长春理工大学学报(自然科学版), 2015, 38(1): 136-142.

[16] Nichols G, Wyman C. Multiresolution Splatting for Indirect Illumination. Proceedings of the 2009 Symposium on Interative 3D Graphics and Games, Boston, 2009: 83-90.

[17] Ritschel T, Eisemann E, Ha I, et al. Making imperfect shadow maps view-adaptive: high-quality global illumination in large dynamic scenes. Computer Graphics Forum, 2011, 30(8): 2258-2269.

[18] Brabec S, Annen T, Seidel H. Shadow mapping for hemispherical and omnidirectional light sources//Vince J, Earnshaw R. Advances in Modelling, Animation and Rendering. London:

Springer, 2002: 397-407.

[19]　Heidrich W, Seidel H. View-Independent Environment Maps. Proceedings of the SIGGRAPH/ Eurographics Workshop on Graphics Hardware, Lisbon, 1998: 149-158.

[20]　Wald I, Slusallek P, Benthin C, et al. Interactive Distributed Ray Tracing of Highly Complex Models. Proceedings of the Eurographics Workshop, London, 2001: 277-288.

[21]　Segovia B, Iehl J C, Mitanchey R, et al. Non-Interleaved Deferred Shading of Interleaved Sample Patterns. Proceedings of Graphics Hardware, Vienna, 2006: 53-60.

[22]　Reeves W T, Salesin D H, Cook R L. Rendering Antialiased Shadows with Depth Maps. Proceedings of the 14th Annual Conference on Computer Graphics and Interactive Techniques, Los Angeles, 1987: 283-291.

[23]　Walter B, Fernandez S, Arbree A, et al. Lightcuts: A scalable approach to illumination. ACM Transactions on Graphics, 2005, 24(3): 1098-1107.

[24]　Georgiev I, Křivánek J, Popov S, et al. Importance caching for complex illumination. Computer Graphics Forum, 2012, 31(2): 701-710.

[25]　Clarberg P, Jarosz W, Akenine-Möller T, et al. Wavelet importance sampling: efficiently evaluating products of complex functions. ACM Transactions on Graphics, 2005, 24(3): 1166-1175.

[26]　Ou J, Pellacini F. LightSlice: matrix slice sampling for the many-light problem. ACM Transactions on Graphics, 2011, 30(6): 6.

彩 版

图 1-4　光被玻璃材质的鱼折射形成的焦散斑

图 1-5　三维场景中的颜色渗透现象

图 3-10　三维场景中的颜色渗透效果

图 5-46 "森林仙女"交互式飞行动画场景

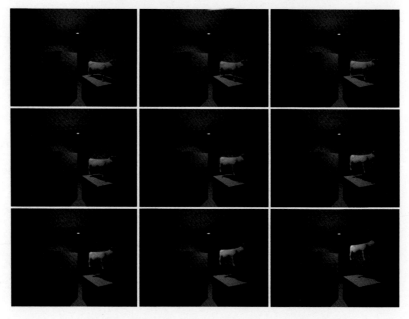

图 7-21 动态 Cornell 盒子场景的全局光照绘制结果